Voiture électrique :
ils sont devenus fous !

François-Xavier Pietri

Voiture électrique : ils sont devenus fous !

Éditions de L'Observatoire

ISBN : 979-10-329-2610-9
Dépôt légal : 2022, octobre
4e tirage : 2022, novembre

170 *bis*, boulevard du Montparnasse, 75014 Paris

À Marc-Antoine, qui penche malgré tout
pour l'achat d'une Tesla,

À Manon, qui se contente d'une Clio essence de 1998,
tant qu'elle en aura le droit…

« Quand la dictature est un fait,
la révolution devient un droit. »

Victor Hugo

1

Tombe la foudre

Fin juillet 2020. La chaleur est écrasante sur le parking brûlant de l'aéroport Bastia-Poretta. Le vol de Paris vient à peine d'atterrir, mais déjà une longue file d'attente se presse devant le comptoir du loueur Hertz, où l'on n'a même pas songé à ménager quelques recoins ombragés. Les touristes sont là, transpirants, chauffés à blanc par l'intensité du soleil. Encombrée de bagages à roulettes qui butent sur le sol irrégulier, cette mère de famille s'exaspère : « Mais c'est quoi, cette galère ? Pourquoi on attend ? »

C'est qu'au comptoir, deux jeunes filles bataillent pour convaincre leurs clients : « Oui, une Zoé, on n'a pas autre chose à vous proposer. » « J'ai loué une Fiat 500 ! », tente le client, sidéré. « Vous avez pris un véhicule de classe A, et la Zoé, c'est la classe A. C'est bien marqué, quand vous réservez, que le modèle n'est pas garanti... », tente d'argumenter l'employée. « Mais je vais au camping, dans les aiguilles de Bavella. Je recharge où, moi ? », s'agace le client, qui sent pointer le petit goût amer de vacances qui commencent mal. La colère enfle. De longues minutes de palabres et le ton qui monte n'y changeront rien. Sauf à passer à la catégorie supérieure, au prix fort, bien sûr.

Plus tard, on les voit sortir du parking, la voiture glissant dans un étrange bourdonnement, le conducteur blême, agrippé au volant de sa Zoé bleue. Il faut dire qu'une voiture 100 % électrique, c'est tout sauf une partie de plaisir en Corse. La clim, la route de montagne et ses cols à franchir font fondre la batterie comme neige au soleil ; et il chauffe par ici. L'autonomie annoncée par le constructeur, vous pouvez facilement la diviser par deux, voire plus, s'il vous prend l'envie de rouler au frais ou d'appuyer sur l'accélérateur dans la montée.

Ce n'est pas le moindre des problèmes. « On a loué un appartement dans une résidence à Calvi, au bord de la plage, mais à l'étage », raconte ce jeune couple. « On va la brancher où notre voiture : sur le balcon ? » Pas simple, surtout quand le loueur annonce que sur une prise ordinaire, il faut au minimum une nuit pour recharger la batterie.

Quelques jours plus tard, attablé au Café de l'Avenue, je savoure avec quelques amis l'incroyable vue qu'offre le village de Cervione, belvédère de la Costa Verde. Devant moi, une Zoé passe et se gare. J'ai retrouvé un de ces touristes contraints de rouler vert. « Alors, l'électrique, vous êtes converti ? » La réponse est cinglante : « Pour le silence de la route oui, mais à condition de pouvoir rouler, et ça, ce n'est pas gagné ! » Et notre interlocuteur de nous raconter qu'il a passé l'essentiel de son temps à surveiller sa jauge, sidéré de la vitesse à laquelle la batterie rend l'âme, angoissé de ne pas pouvoir trouver en temps et en heure la prise miraculeuse, calculant ses trajets et ses étapes non pas en fonction de la beauté des paysages ou des églises à visiter, mais des possibilités de recharge... La semaine de vacances ? Elle a été occupée, à 50 % du temps, à veiller comme de l'eau sur le feu à la charge du véhicule, dans l'angoisse permanente de trouver la bonne prise au bon moment. Ces vacanciers ont d'ailleurs renoncé à une partie du programme qu'ils avaient imaginé avant de rejoindre l'île.

200 bornes de recharge pour 1 000 kilomètres de côtes corses

Il faut dire qu'ici, les bornes à recharge rapide, il ne faut pas trop y compter. Cet été-là, on en comptait moins d'une trentaine, pour les plus puissantes, sur un parc total de 200 points de recharge. Un taux ridicule sur un territoire montagneux qui s'enorgueillit de ses 1 000 kilomètres de côtes et de ses centaines de routes escarpées de montagne. Et quand j'annonce à mon touriste désabusé que l'objectif de Bruxelles est d'atteindre un taux d'équipement d'une borne tous les 60 kilomètres, j'ai droit à un rire un peu crispé.

Certes, la Corse est l'une des régions les moins pourvues de France en équipements électriques. L'électricité est essentiellement fournie par des centrales thermiques, plus réputées pour leur édifiante capacité à polluer que pour leur fiabilité. Pire, chaque été, l'île court le risque du *black-out* électrique. Des messages alarmistes sont régulièrement diffusés par la préfecture, enjoignant aux touristes de limiter l'usage de leur électricité, sous peine de coupures...

On comprend, dans ces conditions, que le parc d'équipement en bornes soit l'un des plus faibles de France : au printemps 2021, on comptait 1 borne de recharge pour 31 véhicules électriques, 6 fois moins que sur le continent... Et encore, le compte est fait à partir des véhicules immatriculés sur le territoire, qui compte environ 350 000 habitants – alors que l'été se bousculent plus de 1,5 million de touristes. Quant au marché des bornes, il est détenu à 80 % par un opérateur privé, Driveco. Bonjour la concurrence.

Le comble, c'est que la Corse a connu une progression spectaculaire des ventes de véhicules électriques ou hybrides en 2020 : plus de 2 600 immatriculations, le triple des volumes de l'année précédente, et ce malgré les longues semaines de confinement... Vous croyez, peut-être, que les Corses se sont massivement convertis à l'électrique ? Pas du tout. Cet engouement, on le doit aux constructeurs qui ont massivement vendu des véhicules électrifiés aux loueurs, histoire de respecter leurs objectifs de baisse d'émission de CO_2. D'où les Zoé louées de force à nos estivants...

Mais d'autres régions n'ont rien à envier au sort de ces touristes égarés sur l'île de Beauté.

L'Europe impose son oukase sur l'électrique

Reprenons. Sur cette poignée de vacanciers, la foudre s'est abattue quand on leur a imposé un mode de locomotion qu'ils n'avaient pas demandé. Ce qui s'est passé devant moi en juillet 2020 à l'échelle microscopique du loueur de l'aéroport de Bastia-Poretta se prépare à celle, gigantesque, de l'Union européenne.

L'oukase est tombé de Bruxelles, le 14 juillet 2021. Ce jour-là, la Commission européenne annonce sa volonté d'interdire, purement et simplement, la vente de véhicules neufs émetteurs de CO_2 d'ici à 2035. Quels qu'ils soient. Cela va du diesel en passant par l'essence, mais concerne aussi les hybrides qui tentent de concilier l'électrique et le thermique. Ne seront autorisés que l'électrique, l'hydrogène, ou toute technologie, improbable bien sûr, qui viendrait à s'imposer d'ici là, du moment que le CO_2 en est banni. La France a bien tenté de repousser l'échéance à 2040, ou d'introduire l'hybride dans le contour de la décision des experts de la Commission. L'Espagne, deuxième producteur européen d'automobiles, a aussi traîné des pieds, de même que l'Italie, à l'époque dirigée par Mario Draghi, l'ancien patron de la BCE prêt à en découdre pour défendre Maserati ou Ferrari, ou encore la Tchéquie, dont le Premier ministre dénonçait les « fanatiques verts »...

Tous ont perdu la partie face aux pays dépourvus d'industrie automobile, et surtout face au ténor de l'automobile européenne, l'Allemagne, dont la bascule vers l'électrique sous l'influence de Volkswagen a pesé lourd dans la décision bruxelloise. Le Parlement européen, depuis longtemps majoritairement adepte du durcissement des règles de diminution des émissions polluantes, a approuvé sans coup férir l'oukase de la Commission. Et les vingt-sept États membres de l'Union européenne finiront par adopter définitivement le texte le 29 juin 2022, certains bien à contre-cœur.

Avec cette décision, les technocrates de Bruxelles se sont distingués, histoire de montrer leurs muscles face aux Chinois ou aux Américains. Ces deux grands pays, gros utilisateurs de voitures, sont en effet beaucoup plus mesurés.

Joe Biden, fraîchement élu à la présidence des États-Unis, annonce début août 2021 une décision sans précédent : une accélération brutale vers un parc automobile plus vert, un durcissement sensible des réglementations environnementales, après le laxisme de Donald Trump. Il entend « mettre l'Amérique en position de mener l'avenir de la voiture électrique ». Avec les mêmes contraintes qu'en Europe ? Pas du tout. Dès 2030, il impose que la moitié – et non 100 % – des voitures neuves vendues aux États-Unis soient électriques… ou hybrides rechargeables. En fait, le président américain s'est rallié aux propositions des constructeurs américains, manifestement bien plus persuasifs que les Européens. Les « Big Three » – GM, Ford et Stellantis (issu du mariage de PSA et de Fiat-Chrysler) – ont d'autant plus gagné la partie que cet objectif n'est pas contraignant !

Quant à la Chine, Xi Jinping a créé la surprise en septembre 2020 en annonçant viser la neutralité carbone de la nation qu'il dirige à l'horizon 2060. Cinq ans après l'objectif « *Fit for 55* » européen. Il faut dire que le pays est, de loin, le premier émetteur mondial de gaz à effet de serre, ses émissions ayant augmenté de près de 55 % en dix ans. Autant dire que l'effort, en sens inverse, sera conséquent. Mais quelle part l'industrie automobile va-t-elle prendre dans cet objectif ? La question n'a rien de superflu : on vend sur le territoire chinois près de 28 millions de véhicules chaque année, plus de 2 fois le marché américain, 14 fois le marché français... Dans quelques années, le marché pourrait presque doubler : entre 40 et 50 millions de véhicules vendus chaque année. Il faut dire que les Chinois sont 5 fois moins équipés en véhicule que les Américains : 150 voitures pour 1 000 habitants en Chine, contre 800 pour 1 000 aux États-Unis.

Or, il se trouve que les autorités ont décidé d'arrêter les aides à l'achat de voitures électriques à la fin de 2022. Plus question de subventionner l'acquisition de véhicules propres. À la décharge des Chinois, il est vrai que le marché de l'électrique est beaucoup plus dynamique (18 % du marché en 2020) qu'aux États-Unis (à peine 2 % des ventes) où en Europe (10 %). Et pour cause : la Chine a depuis longtemps pris le train de la mobilité électrique, c'est d'ailleurs elle qui fournit l'immense majorité des batteries utilisées chez nous. Une avance industrielle imbattable sur laquelle nous aurons l'occasion de revenir...

Le « 0 carbone » subi par les constructeurs

Revenons à nos technocrates bruxellois. La règle est simple et redoutable : « 0 émission de CO_2 » pour les véhicules neufs vendus sur les terres de l'Union européenne d'ici à 2035. C'est clair, c'est net... et c'est une folie. Pire, dans sa guerre contre les émissions de gaz à effet de serre, peut-être louable mais certainement précipitée, la Commission en a profité pour durcir le rythme de réduction des émissions polluantes qui contraignent depuis plusieurs années les groupes automobiles.

C'est à cette aune qu'il faut juger les engagements pris par les constructeurs français qui tentent, la main sur le cœur, de faire passer pour un tour de force écologique ce qui ressort d'abord de la pratique du couteau sous la gorge... En 2021, les deux grands constructeurs français, Renault et Stellantis, comme la plupart de leurs homologues européens, ont annoncé des plans massifs et des objectifs radicaux de passage à l'électrique. Avec des dizaines de milliards d'euros mis sur la table. L'objectif : se tenir prêts face à l'échéance imposée par Bruxelles. Mais cette transformation brutale de leur modèle économique n'est pas sans provoquer, au sein même de ces groupes, un questionnement angoissé.

À cet égard, les prises de parole publiques du plus puissant d'entre eux, Stellantis, en disent long sur la perplexité que suscite ce virage radical.

Jeudi 8 juillet 2021, Carlos Tavares, la nouvelle star de l'automobile française depuis que ce transfuge de chez Renault a remarquablement redressé le groupe PSA, puis créé Stellantis, présente en grande pompe la stratégie d'avenir du nouveau géant de l'automobile. Le patron du 4e groupe mondial, a décidé de brancher définitivement son empire sur le réseau électrique, à l'horizon 2030. Voilà pour la façade.

Le grand patron de Stellantis, pilote automobile chevronné à ses heures perdues, est-il vraiment convaincu par cette stratégie européenne ? C'est une tout autre histoire. À la lecture d'une interview accordée par Carlos Tavares au quotidien *Les Échos* en début d'année 2022, on mesure clairement les limites de l'enthousiasme du patron du géant mondial de l'automobile : *« L'électrification est la technologie choisie par les politiques, pas par l'industrie.* [...] *Il y avait des méthodes moins chères et plus rapides pour réduire les émissions que celle-là. La méthode choisie ne laisse pas les constructeurs automobiles être créatifs pour apporter des idées différentes de l'électrification. Mais c'est un choix politique. »* Fermez le ban. On a connu des expressions d'enthousiasme plus enflammées... La liste des griefs posés par le grand patron est longue comme le bras. Le risque industriel bien sûr, mais il décline aussi les risques sociaux, sociétaux, environnementaux, financiers...

Pourtant, quelques semaines plus tard, demi-tour complet. Le 1er mars 2022, Carlos Tavares réitère son objectif de 100 % de véhicules électriques produits en 2030 en Europe, annonce des objectifs record de rentabilité. Surtout, il déclare que la voiture électrique *« est le meilleur chemin pour protéger l'entreprise, ses employés et les générations futures...* ». C'est à n'y rien comprendre. La volte-face est radicale.

Sauf que cette bipolarité est devenue le lot de tous les constructeurs. Tous se désolent du diktat de Bruxelles. Dire qu'il a été très mal reçu par la profession est un euphémisme. Quant au choix politique, il a été clairement guidé par des lobbies qui réunissent, une fois n'est pas coutume, les organisations écologiques et les grands électriciens dans la même démarche. Il faut dire que l'automobile est, en théorie, le secteur le plus facilement électrifiable. Plus simple d'installer une batterie dans un véhicule que dans un avion ou une usine qui marche au gaz ou au pétrole. L'électricité donc, d'abord et avant tout, même si elle est nucléaire ou... charbonnière, si on peut dire.

La constance de l'incohérence des choix politiques

Cela dit, ce n'est pas la première fois que les décisions des politiques, en matière d'automobile, ne sont pas vraiment frappées au coin du bon sens. Le Grenelle de l'environnement, grande victoire politique de Jean-Louis Borloo, a débouché en décembre 2008 sur une curieuse décision, la « Sarkozette ». Cette prime de 1 000 euros, en reprise d'un véhicule de plus de 10 ans, visait à favoriser, au nom de la transition écologique et de la relance du secteur automobile sinistré par la crise financière des *subprimes*, l'achat des véhicules émettant moins de 160 grammes de CO_2 au kilomètre.

Résultat des courses : plus de 50 % des véhicules achetés furent des petits modèles diesel – depuis honnis par les mêmes décideurs politiques –, généralement dépourvus de filtres à particules. Promu en 2008, le diesel fait depuis l'objet de toutes les accusations. Autre résultat, la prime a largement bénéficié aux voitures les moins chères... majoritairement délocalisées hors de France. Les Français se sont rués sur les Logan et les Sandero de Renault, fabriquées massivement en Roumanie, les Twingo produites en Slovénie, les Peugeot 107 et autres Citroën C1, montées d'abord en Tchéquie. Bien sûr, les petites Nissan, Kia et autres Opel, toutes importées, ont, elles aussi, enregistré des records de vente. Bonjour le soutien à l'écologie et aux usines françaises.

De fait, on a de bonnes raisons de penser que ce choix politique de Bruxelles, en tout cas dans l'urgence de la transformation qu'il impose, n'est pas le plus judicieux. Pour la planète, on verra que le caractère écologique de la batterie reste largement à démontrer... Pour la filière automobile, on y reviendra plus loin, qui va devoir faire face à un gigantesque défi social, avec la perspective de dizaines de milliers d'emplois supprimés. Et, surtout, pour les Français, que l'on se prépare à diviser encore un peu plus. L'électrique va dresser les nantis contre la classe moyenne, les Français des campagnes contre ceux des villes. La voiture, aujourd'hui principal instrument de l'autonomie des familles, va demain les enfermer dans un carcan.

2
Un fil à la patte

L'automobile, c'était la liberté, l'électrique, c'est la contrainte, une menace pour la liberté de circuler. En France, près de 83 % des déplacements (en kilomètres parcourus) s'effectuent en voiture, dont la moitié pour aller travailler. Loin, très loin devant les transports publics (11 %) ou le vélo (1 %), qui arrive derrière la marche... La voiture correspond à un besoin (travail, école, courses), la partie la plus utilitaire de l'usage d'un véhicule. Mais elle est aussi devenue l'instrument des loisirs, né des congés payés. Celui, aussi, de la liberté fondamentale, comme l'a montré le douloureux épisode de la pandémie. Pendant des semaines, la voiture a été le seul moyen de se déplacer en France, quand les trains, les avions, les bus et tous les autres transports publics étaient à l'arrêt. C'est cette liberté que menace l'électrique, par la complexité des trajets qu'elle met en œuvre.

Parisien, vous rêvez, à bord de votre Zoé, de partir en amoureux pour La Baule, en vous offrant au passage quelques visites délicieuses, la majesté du château royal d'Amboise, les jardins de Villandry, le bijou Azay-le-Rideau, la splendeur de l'abbaye de Fontevraud, pourquoi pas plus tard une halte à Saumur, avant de rejoindre Nantes et enfin la plage... ? Oubliez.

Ces 600 et quelques kilomètres de trajet, même en deux jours, deviendront vite un cauchemar, à force de calculs d'étapes, de recherche de bornes de recharge sur votre appli, de temps perdu à coups de 40 minutes, voire 1 heure, planté à côté d'une prise, à condition qu'elle ne soit pas en rade... Fini le plaisir de baguenauder.

Les grandes vacances sont là, ce premier vendredi de juillet, le *Vizzavona* de la Corsica Linea vous attend à Marseille à 18 h 30, destination Bastia... Vous partez de Nantes et vous n'avez vraiment pas envie de rater votre ferry. Mieux vaut partir la veille, ou bien avant le lever du soleil. Car là encore, c'est un parcours d'obstacles olympique qui vous attend. Ce n'est pas demain la veille que les trajets en électrique seront aussi simples à accomplir qu'avec une berline de l'ancien temps.

Paris-Les Alpes : un concours de lenteur

Tous les tests de trajet en automobile à batterie que se sont amusés à réaliser les médias aboutissent toujours aux mêmes commentaires : la Galère, avec un grand G !

Reprenons celui du 6 mars 2022 publié dans *Le Figaro*, une pleine page. Son titre : « Paris-Les Alpes en voiture électrique : un concours de lenteur ». Qui dit mieux ? Les 755 km de Paris à Barcelonnette, à bord, dixit *Le Figaro*, du *« meilleur SUV familial électrique disponible sur le marché en termes de rapport prix/prestations »* devient un casse-tête angoissant. Le journaliste l'affirme, les yeux rivés sur l'ordinateur de bord ou sur l'appli Chargemap (19,90 euros la carte), mieux vaut conduire « *avec un œuf sous le pied droit* ». Jolie expression pour signaler que si le conducteur veut éviter de voir l'autonomie de son véhicule fondre comme neige au soleil, il a intérêt à calmer ses velléités de dépassement ou d'accélération.

Au départ, l'ordinateur de bord prévoit 326 kilomètres d'autonomie. Au premier arrêt programmé par ce même ordinateur, à Avallon, à 220 km du départ, la voilà déjà réduite comme peau de chagrin. La batterie, affiche seulement 18 % d'autonomie restants, un peu comme si, en voiture thermique, on n'était pas loin de la réserve. En théorie, il aurait dû en rester autour de 30 %.

Les bornes hors service, celles qui ne reconnaissent pas les cartes d'abonnement du conducteur, la perte d'autonomie due au froid la nuit, la programmation obligatoire, le coût des recharges, la vitesse plus que maîtrisée... « *ne sont pas de nature à envisager la voiture électrique comme un progrès* », conclut le journaliste. Bilan sévère, mais qui pointe les deux sujets majeurs qui constituent le handicap à l'utilisation normale d'un véhicule électrique. L'autonomie et son pendant, le casse-tête des bornes de recharge.

L'autonomie est une question qui ne vous vient plus à l'esprit depuis longtemps dans la négociation avec votre concessionnaire au moment de l'achat de votre nouvelle berline à essence ou au diesel. C'est la première que vous poserez si vous êtes tenté par l'électrique. L'Observatoire Cetelem, dans sa grande enquête mondiale sur les questionnements des consommateurs vis-à-vis de ce nouveau mode de transport (« Les mystères de l'électrique »), le révèle : l'autonomie est le premier reproche fait à l'électrique, à 83 % en moyenne mondiale. En France, ce taux monte à 91 % ! Un doute qui étreint donc plus de 9 personnes sur 10. C'est un des principaux freins à l'achat, après le prix et la difficulté à recharger.

Décidément, les consommateurs sont pleins de bon sens.

Il faut dire qu'en la matière, on frise le burlesque. D'abord les écarts, liés bien sûr à la puissance des batteries et au prix de la voiture. La différence va de 200 km à plus de 600 km, la moyenne étant de seulement 338 km en 2020. L'écart est gigantesque, à peu près inimaginable pour une automobile thermique. Contrairement aux idées reçues, l'autonomie des batteries ne va pas beaucoup évoluer dans les prochaines années. Pour preuve, la future R5 électrique, attendue en 2024, disposera d'une autonomie très semblable à celle de la dernière Zoé, qu'elle va remplacer. Tout est question de technologie et… de place. Pour le premier point, il s'agit des limites de la physique, atteintes aujourd'hui par les batteries lithium-ion. Leurs progrès ont été sensibles ces dernières années, mais l'autonomie de ces batteries bute désormais sur un palier, et il ne faut guère attendre de progrès dans le futur.

Il faudra attendre une prochaine génération, certainement en provenance de Chine - le lithium à l'état solide - pour constater des progrès sensibles. De fait, la production en masse de ces batteries de nouvelle génération n'est pas pour demain : Volkswagen et Toyota la prédisent pour 2025, Stellantis pas avant 2026, on attendra sans doute 2030 pour BMW et Renault. Et encore, les spécialistes considèrent que ces prévisions sont plutôt optimistes.

La place joue aussi son rôle : l'autonomie est proportionnelle au nombre de cellules de batterie, qu'on peut installer dans les planchers ou le coffre - au risque d'en diminuer la contenance, ce qui n'est guère apprécié par les acheteurs. Au-delà, la taille des voitures n'est guère extensible à l'infini... Tesla, là encore, est à la pointe de l'innovation. Sa Model S Plaid, la berline de série la plus rapide de l'histoire (0 à 100 km/h en moins de 2 secondes et une vitesse de pointe de 322 km/h revendiqués par le constructeur), utilise les cellules comme des éléments structurants du véhicule. Mais évidemment, cela n'est pas donné à tout le monde. On ose à peine vous révéler le prix de ce bolide, au bas mot 130 000 euros, sans compter les options...

Les plus riches pourront conduire... plus loin

En somme, plus la voiture est chère, plus elle dispose d'autonomie. Concept pour le moins curieux qui veut que les plus riches pourront conduire plus loin et plus longtemps que les plus modestes ! Avant, le prix fort traduisait surtout le luxe des finitions, la puissance, le confort, le look, la marque… mais pas l'autonomie. Étrange conception de la liberté. Elle s'explique par un fait tout simple : la batterie est, de loin, ce qui coûte le plus cher (40 à 50 % du prix de revient du véhicule).

En attendant, le consommateur lambda se contentera donc de ses 300 kilomètres en moyenne – ce qui représente environ la moitié d'un véhicule thermique –, en priant pour que cette autonomie soit respectée. Parce que là encore, rien n'est moins sûr que les promesses, toutes théoriques, faites sur catalogue par le constructeur.

C'est d'ailleurs une autre curiosité de l'électrique. Tout concourt à épuiser une batterie, dans des proportions bien plus gigantesques qu'une conduite inappropriée en voiture thermique. La moindre accélération, la moindre vitesse rapide, le moindre dépassement des 110 km/h sur l'autoroute provoquent une chute spectaculaire de l'autonomie.

Oubliez aussi votre confort ! La climatisation l'été, un luxe qui appartient au passé. Le chauffage l'hiver, une quasi-incongruité. Qu'il s'agisse du froid ou du chaud, les deux pompent vertigineusement les capacités de votre pile. Au point que les constructeurs ont souvent prévu un système de mise en route de la climatisation ou du chauffage à domicile, l'idée étant de refroidir ou de préchauffer votre voiture au garage, pendant que la batterie est en charge… Ou un chauffage des sièges, beaucoup moins énergivore, paraît-il, que la traditionnelle soufflerie.

Si possible, évitez d'habiter les massifs montagneux – l'électrique n'aime pas les côtes – ou les régions froides : un véhicule garé la nuit dans une rue où la température passe en dessous de 0 degré peut perdre jusqu'à 15 % de son autonomie. Même la chaleur a un impact sur la performance de la batterie. C'est aussi vrai des éléments de sécurité (phares, essuie-glaces) qui pompent de l'énergie dans des proportions sans rapport avec leur impact sur la consommation de votre ancienne voiture qui roule au super. La multiplication de ces pièges à énergie rend plus qu'aléatoire l'autonomie annoncée par votre constructeur.

D'ailleurs, autre particularité de l'électrique, les autonomies dont on fait la publicité sont le plus souvent calculées pour une circulation en ville... Pour une bonne et simple raison : c'est sur ces circuits que l'électrique consomme le moins ! L'autonomie de la Dacia Spring, que nous évoquions plus haut, est donnée à 227 km en ville, elle tombe à 156 km sur route et s'effondre à 110 km sur autoroute, moitié moins qu'en ville ! (Données calculées par *L'Automobile magazine*.) Ce qui vaut pour la Dacia Spring vaut pour tous les autres véhicules électriques : entre ville et autoroute, les écarts d'autonomie sont confondants ! Quel véhicule thermique – qui, logiquement, consomme plus en ville – offre ces piètres performances ? Où a-t-on le plus besoin de l'autonomie de sa voiture ? En ville ou sur la route ? D'où va-t-on chasser la voiture ? De la ville ou des campagnes ? Ce n'est pas la moindre des contradictions de l'électrique.

Le parcours du combattant de la recharge

La liberté qu'offre l'automobile telle qu'on l'a connue depuis le début du siècle est d'aller et venir sans se préoccuper, ou presque, de la proximité d'une station-service. Rien de plus simple que de se servir à la pompe pour faire son plein. Avec l'électrique, oubliez cette simplicité. Vous allez entrer dans la jungle des bornes de recharge. Des centaines de possibilités, des abonnements à payer, des réseaux différents et concurrents, des données techniques à assimiler.

On comptait en France, début 2022, pas moins de 700 opérateurs de recharge. Avec à la clé, pour mieux aiguiser la concurrence - et embrouiller l'automobiliste - quelque 1 300 formules de prix différentes ! Une foire d'empoigne qui a de quoi laisser pantois l'utilisateur néophyte. L'idée, simpliste, qui veut qu'on recharge tranquillement son véhicule chez soi, pour quelques euros, n'est qu'une vue de l'esprit. Celle que les constructeurs et les concessionnaires promeuvent, sans avertir le client du chaos qui l'attend dès qu'il sortira du périmètre de son domicile, à condition qu'il s'agisse bien d'une maison particulière. Certes, 45 millions de Français en disposent. Pour eux, la recharge à domicile est une solution, en sachant tout de même que le temps de recharge complet de sa batterie est souvent supérieur à une nuit. Pour les autres, c'est une autre histoire. Une étude de l'opérateur du réseau d'EDF, Enedis, révèle que 57 % des propriétaires de voiture électrique vivant en immeuble et qui n'ont pas d'autre choix que de recharger à domicile le font depuis leur appartement... On imagine les fils qui pendent des derniers étages.

L'affaire se complique encore quand il s'agit de s'éloigner du domicile, au-delà des trajets du quotidien. Un passionnant dossier du quotidien *La Tribune* (septembre 2021) révèle l'incroyable fouillis des offres de bornes de recharge. Un marché très lucratif que se disputent des constructeurs, des pétroliers, comme TotalEnergies qui compte 4 000 points de charge ouverts au public, dont une bonne moitié dans la capitale. L'installation de ses stations-service est en cours, mais la montée en puissance sera très progressive - à peine 300 stations prévues fin 2023, sur les 2 200 que compte le géant pétrolier.

De grandes entreprises privées comme Engie, Vinci Autoroutes ou son concurrent APRR, voire les ténors du public comme EDF, sont également sur les rangs. Les constructeurs ne sont pas en reste avec, entre autres, Tesla bien sûr, mais aussi le puissant Ionity, réseau créé par les plus grands constructeurs allemands (Volkswagen, Mercedes, BMW, Porsche...).

Mais à côté de ces mastodontes, des dizaines de petits opérateurs privés tentent de se faire une place au soleil. Les uns se spécialisent dans l'équipement des centres commerciaux, d'autres vantent le « *made in* France », ou encore la recharge gratuite contre de la publicité...

Résultat de cet incroyable embrouillamini, il revient à l'automobiliste courageux de faire le tri entre la multitude de cartes de recharge, la compatibilité des prises (eh oui, on n'a même pas eu l'idée d'imposer une prise unique), les modalités de tarification qui diffèrent complètement d'un opérateur à l'autre.

Les cartes de recharge, par exemple. Si vous optez pour une carte classique, sachez qu'elle ne permettra l'accès qu'à une catégorie de bornes, celles qui dépendent du réseau en question. Vous pouvez choisir une carte interopérable, qui *a priori* vous donne l'accès à toutes les bornes. Simple ? *A priori* oui, sauf qu'il vous faudra quand même choisir la meilleure offre entre ChargeMap, FeshMile, NewMotion, KiWhiPass, DKV... autant d'opérateurs de mobilité différents. Bon courage pour comparer les offres. Résultat, 76 % des utilisateurs disposent d'au moins deux cartes différentes pour pouvoir jongler d'une borne à l'autre. On a fait moins compliqué en matière de paiement.

Certains de ces opérateurs se sont dit que ce serait peut-être plus pratique d'utiliser une banale carte bancaire, comme on le fait dans toutes les stations-service de France et de Navarre. Ils ne sont malheureusement que deux à offrir cette solution, et encore, sur un nombre très restreint de bornes. Il faut dire que ces bornes sont « offertes » aux collectivités au prix fort de 6 000 euros l'unité... Certes Tesla propose une excellente solution : le super chargeur de la marque identifie le véhicule et facture directement le client. De loin le meilleur et le plus puissant des réseaux. Sauf que, jusqu'à il y a peu, cette possibilité n'était ouverte qu'aux utilisateurs de Tesla. C'est un peu comme si des stations-service Renault n'acceptaient de fournir en carburant que les véhicules des marques du groupe. Une curieuse façon de concevoir la concurrence.

Sachez enfin, histoire de ne pas trop simplifier les choses, que la facturation de la recharge peut s'effectuer au chronomètre. En quelque sorte, on paye son plein au temps passé pour effectuer sa recharge. Là, c'est à la minute que le compteur tourne, vous ne savez plus combien vous coûte votre plein ! On verra plus loin que le coût peut être faramineux. Il faut dire que l'objectif de l'opérateur est de faire en sorte que vous débarrassiez le plancher le plus rapidement possible pour laisser la place au suivant. Il est vrai que le réflexe classique, celui de l'utilisateur habitué au thermique, est de « faire le plein » avant de repartir. Là, on lui demande de recharger pour quelques dizaines de kilomètres. Et s'il tarde trop, ce système horaire peut réserver de bien mauvaises surprises financières à l'utilisateur. Certaines villes ou entreprises adoptent la facture à double détente – à la recharge et au temps –, histoire d'éviter les voitures ventouses, ou au tarif de jour ou de nuit. Allez donc faire votre plein entre deux ronflements, cela vous coûtera peut-être moins cher !

La recharge à géométrie variable

Mais ce n'est pas tout. Comme si la jungle des opérateurs ne suffisait pas, il va falloir compter avec d'autres critères. Sachez, par exemple, que plus la batterie est puissante, plus le temps de recharge est long. C'est logique, et déjà le cas avec la capacité du réservoir de votre véhicule thermique, sauf que les échelles de temps ne sont pas les mêmes. Dans le premier cas, on parle de dizaines de minutes au mieux, dans le second, de minutes au pire.

Sachez aussi que la vitesse de la recharge dépend du chargeur interne dont est équipé votre véhicule, que le temps de recharge s'allonge s'il fait chaud, qu'il dépend du type de courant « servi », alternatif ou continu, que certaines voitures n'acceptent qu'un type de courant, que la puissance de la recharge peut chuter selon la qualité du câble dont vous disposez, que le système de contrôle des batteries qui équipe les bornes peut décider du volume et du temps de la recharge... On continue ?

Qu'il était bon le temps où il suffisait de sortir son cash ou sa carte bleue pour payer son plein, de placer son pistolet dans le conduit du réservoir et d'attendre quelques minutes, sans surprises sur la facture...

À propos de temps, parlons quand même un peu de celui du trajet. Je me suis livré à un test sur l'appli ChargeMap en simulant un trajet en Zoé de dernière génération. De Clermont-Ferrand à La Rochelle, trajet sans complexité particulière. Pour 400 kilomètres, le temps calculé est de 6 h 23 dont... 1 h 17 pour faire le plein de ma batterie. En espérant que la station de recharge proposée, Oradour-Fanais, offre une belle palette de divertissements... Du même point de départ jusqu'à Marseille, le kilométrage est sensiblement équivalent. Mais le temps passe à 6 h 42 avec, cette fois, 1 h 53 de temps de recharge en deux étapes, à Aubenas et Mornas. Que du bonheur. Voilà la réalité des longs trajets !

3

Bornes de recharge : quand le courant ne passe pas

Venons-en maintenant à la couverture nationale des bornes de recharge publiques. Le gouvernement en avait prévu 100 000 à l'échéance 2021, les 53 000 sont tout juste dépassées à la fin de cette année, loin, très loin de l'objectif initial qui a été repoussé à 2022. Alors oui, le ministère de l'Environnement se targue de ce que la France fait figure de modèle en Europe : 20 % des points de recharge installés en Europe se situent en France. Cocorico ? Pas vraiment, car ce calcul intègre toutes les bornes de recharge, y compris les prises installées dans les maisons individuelles, qui ne sont guère utiles à la mobilité des longs trajets.

Si on compare les bornes publiques, le bilan est beaucoup moins glorieux : fin février 2022, on comptait 4,1 bornes tous les 100 kilomètres dans l'Hexagone, contre près de 15 au Portugal, presque 20 en Allemagne, jusqu'à atteindre le taux record de 47,5 au Pays-Bas, champion européen. Enfin, pour gâcher encore un peu plus le satisfecit du ministère, la vente de véhicules électriques étant poussée à fond par les campagnes de publicité de concessionnaires pressés de remplir leurs objectifs de décarbonation, le nombre de bornes disponibles par véhicule décroît ! Une pour 14 en comptant les véhicules 100 % électriques et les hybrides rechargeables, qui utilisent aussi les bornes de recharge, quand l'Europe préconise un taux d'une borne pour 10.

La France est loin du compte. Pire, la situation devrait continuer à s'aggraver, car le rythme de vente des véhicules électriques s'accélère fortement. En février 2022, les ventes ont atteint un taux impressionnant de 17 % de parts de marché pour les véhicules électriques et les hybrides rechargeables, près du double des parts de marché de 2021.

Autre avatar, les premières bornes installées alors que le parc de véhicules électriques était encore balbutiant sont déjà devenues obsolètes. Or, le point de recharge, c'est le nerf de la guerre. Il l'est d'autant plus que la pratique des automobilistes est déjà en train de changer. Jusqu'à il y a peu, l'immense majorité des chargements, quelque 90 %, se faisait soit à la maison, soit au travail – où la bagarre pour les places disponibles le matin fait rage dans les entreprises qui proposent ce service.

Mais les temps changent. Selon l'observatoire de l'Association française de la recharge électrique des véhicules, 9 automobilistes sur 10 ont désormais l'idée saugrenue de recharger leur véhicule à l'air libre, dans les stations installées sur la voie publique.

Panne de puissance pour les bornes de recharge

Encore faudrait-il que les rares bornes existantes soient suffisamment puissantes. Là encore, pas de chance, il se trouve que 93 % des bornes installées par les pouvoirs publics délivrent une puissance maximale de 22 kW ou moins, 36 % se cantonnant même à une puissance de 7 kW. À peine mieux qu'une prise électrique dans son garage. Autant dire qu'avec ces puissances délivrées, les conducteurs ont tout juste de quoi gagner une poignée de kilomètres, le temps de faire quelques courses de voisinage.

À l'inverse, les bornes les plus puissantes, censées permettre de délivrer un plein en une demi-heure - quand même ! -, se font rares. Une aiguille dans une botte de foin : autour de 4 000 sur tout le territoire, à peine quelques pour cent du parc. De quoi rendre compliqués les longs trajets. Même si les autoroutes sont les voies les mieux équipées, seulement une petite moitié des stations-service sont dotées de point de recharge. On imagine la galère pour les véhicules à faible autonomie.

Malheureusement, malgré les efforts et les promesses du gouvernement, il faut s'attendre à un concours de lenteur sur l'installation des bornes. Certes, l'ambition est là. À l'automne 2020, le gouvernement inquiet du rythme d'escargot des installations a lancé à grands frais son programme d'investissement : 100 millions d'euros pour installer 100 000 bornes, en promettant un triplement des bornes installées en à peine plus d'un an. Voilà pour l'affichage.

Sur le terrain, c'est une tout autre histoire. Installer une station dans un supermarché ou un centre-ville devient vite un parcours du combattant : comptez déjà plusieurs mois pour obtenir d'abord un accord, car il vous faudra lancer une enquête publique, puis obtenir le feu vert technique d'Enedis, la filiale d'EDF qui va brancher votre station, lancer un appel d'offres pour le matériel et les prestataires, compter avec la décision des Bâtiments de France si, par malheur, vous êtes dans une zone protégée.

Ajoutez les longues semaines de travaux, car installer une station de recharge obéit à des cahiers des charges techniques et de sécurité très copieux. Dans le même temps, vous aurez eu le plaisir de remplir la multitude de documents et autres formulaires administratifs pour faire valoir votre droit aux subventions, les fameux 100 millions. Tout cela se compte en mois, sinon en années. De quoi décourager les plus volontaires. Sans parler du coût : le prix d'installation d'une station de haute puissance de 6 à 16 places oscille entre 300 000 et 800 000 euros.

Là, on parle plutôt des grandes installations, les plus lucratives. Celles sur lesquelles se précipitent bien sûr les grands opérateurs privés. Cela pose un autre problème, et non des moindres : le maillage territorial. Les grands axes routiers, les métropoles seront forcément les mieux dotés. En revanche, les déserts ruraux, peu prisés par les investisseurs privés, ont du souci à se faire. Déjà, la densité des stations-service classiques a fortement baissé. On en compte aujourd'hui à peine plus de 10 000 sur tout le territoire, 4 fois moins qu'au début des années 1980.

La raison ? La rentabilité de la vente de carburant - c'est l'État qui gagne le plus, et de loin, sur le litre vendu à la pompe - et la multiplication des contraintes réglementaires qui pèsent sur les petites stations privées, obligées d'investir massivement pour maintenir à flot leurs équipements.

Des trous dans la raquette territoriale pour les stations de recharge

Pour les mêmes raisons, et même si les aides financières des pouvoirs publics et des collectivités locales abondent, se posera à terme la question de la rentabilité de ces stations de recharge rurales. D'autant qu'il faudrait, logiquement, qu'elles soient plus nombreuses que les stations thermiques, compte tenu de l'autonomie restreinte et aléatoire des véhicules à pile. D'ores et déjà, leur nombre varie du simple au triple selon les régions. C'est le cas pour l'axe central, qui va des Pays de la Loire à la Franche-Comté, par rapport aux régions les plus favorisées du Sud ou de l'Île-de-France. Certes, dans ces régions très peu peuplées, le nombre de stations de recharge par million d'habitants est plus élevé qu'en Île-de-France par exemple. En théorie, c'est satisfaisant. En pratique, beaucoup moins. Car la question de l'autonomie crée un sérieux problème d'accessibilité de ces bornes.

D'autres sujets régionaux se posent : comment dimensionner les réseaux qui font traditionnellement face à d'intenses pics de circulation ? Nous avons évoqué en introduction les problèmes auxquels est confrontée la Corse tous les étés. Sur les routes menant aux stations de ski, il faudra gérer des concentrations extrêmes de circulation en quelques heures, et les saturations de prises qui en découleront. Idem pour les grandes zones touristiques et les stations balnéaires. Il n'est déjà pas rare, les jours de grands départs, de constater de longues files d'attente de véhicules électriques dans les voies d'accès aux stations-service autoroutières. Attente qui peut se chiffrer en heures. Un vrai bonheur !

La gestion des flux migratoires pour les régions concernées, compte tenu des temps de recharge, sera bien plus complexe qu'à l'époque du thermique. Sans parler de l'adaptation de la puissance des réseaux électriques.

Le pire, c'est qu'à la rareté qui s'annonce pour les stations de recharge, il faut ajouter un autre hic : la fiabilité. La probabilité qu'une pompe à essence tombe en panne est très mince. Pour les bornes de recharge, c'est exactement l'inverse. Une enquête de l'Afirev (Association française pour l'itinérance de la recharge électrique des véhicules), réalisée en 2021, est édifiante : 85 % des automobilistes ont rencontré une borne hors service au cours des mois qui ont précédé l'enquête ; 58 % considèrent que ce phénomène arrive régulièrement. Une autre étude rapportée par l'Afirev révèle que chez l'un des principaux opérateurs d'interopérabilité de bornes, un quart d'entre elles ne sont pas disponibles 99 % du temps.

Quand on entre dans le détail de l'enquête, les raisons de la lassitude des conducteurs ne manquent pas : 7 sur 10 n'ont pas pu se connecter à la borne défaillante, la même proportion a constaté un arrêt brutal de la recharge, et 6 sur 10 ont eu un problème avec un câble. Les témoignages pleuvent et ils sont unanimes, alors même que les utilisateurs sont des pionniers de l'électrique, avec un *a priori* plutôt favorable. La disponibilité des bornes fait trop souvent défaut. Et comme elles sont rares, cela peut devenir un vrai casse-tête pour l'utilisateur qui doit trouver un nouveau point de recharge à proximité. En cas de panne sèche, pas question, avec l'électrique, de partir, un jerrican à la main, à la recherche de quelques litres salvateurs.

Entre les défauts d'entretien, les problèmes complexes de réparation - les bornes sont bourrées de semi-conducteurs qui font cruellement défaut depuis plusieurs mois -, la formation des personnels et la nécessité de devoir faire intervenir plusieurs métiers, entre les électroniciens et les gestionnaires des réseaux électriques, le défaut de disponibilité des stations devient un écueil majeur. Au point que le gouvernement a décidé de taper du poing sur la table. Depuis le 1er juillet 2022, les bornes hors service depuis plus de 2 heures devront être déclarées, afin que les automobilistes puissent les identifier. La menace en cas de défaut de déclaration ? Une amende administrative de 300 euros par point de charge. On imagine les hordes de gendarmes mobilisés sur les routes pour identifier ces stations défaillantes. Opérateurs, tremblez !

La course est mal partie pour servir 15 millions d'automobilistes

Ces bornes insuffisantes, défaillantes... un défaut de jeunesse ? Peut-être. Mais le problème est que l'on constate ces ratés sur la base d'un parc automobile électrique minuscule, de l'ordre de 600 000 véhicules (y compris les hybrides rechargeables) en 2021, en comparaison des 36 millions de véhicules circulant en France.

Les impératifs fixés par Bruxelles pourraient amener ce chiffre à plus de 15 millions en 2035, selon les estimations de RTE (Réseau de transport d'électricité) qui gère l'acheminent du courant sur notre territoire.

Dans ces conditions de lenteur et de fiabilité, comment satisfaire, à un horizon d'un peu plus de dix ans, un tel parc automobile ? Une équation pour le moins difficile à résoudre. Une étude récente de l'ICCT (le Conseil international pour un transport propre) est édifiante. Pour nourrir ces millions de véhicules qui vont sillonner nos routes, l'ICCT estime à 7,3 millions le nombre de chargeurs nécessaires dès 2030. La part des bornes installées par la puissance publique devra atteindre, au bas mot, 430 000 unités, soit plus de 8 fois le parc actuel. Il va falloir accélérer, et fort.

L'installation à domicile, que l'on pense relativement simple, peut vite tourner au casse-tête. Il va falloir trancher la question de la puissance de la recharge et des abonnements possibles des multiples fournisseurs. Peut-on se contenter d'une prise classique, celle qui alimente votre sèche-linge (2,3 kW) ? Oui, si vous n'êtes pas pressé : comptez une nuit pour la recharge complète d'un véhicule de base, mais beaucoup, beaucoup plus si vous avez préféré une automobile à l'autonomie plus confortable. Il vous faudra alors augmenter la puissance, au moins à 3,2 kW, ce qui nécessite l'installation d'une prise renforcée (400 à 500 euros en moyenne avec l'installation). L'idéal, c'est la borne de recharge « *Wall box* », qui peut délivrer jusqu'à 22 kW. Il vous en coûtera plus de 1 000 euros.

Une fois votre prise installée, il va vous falloir choisir un fournisseur, la calculette à la main. L'air de rien, vous risquez d'installer à demeure un gouffre de consommation électrique. L'écart de facturation à l'année peut se chiffrer en centaines d'euros pour un même véhicule. Et là encore, bon courage. D'EDF à TotalEnergies ou Engie, en passant par des dizaines d'opérateurs concurrents, le choix est là, avec les pièges, voire les arnaques, qui vont avec. Les clients qui ont, par exemple, choisi la tarification dynamique - le prix du kWh fluctue en permanence en fonction des prix de l'électricité sur le marché de gros - ont senti la douloureuse passer en 2021 et au moins les premiers mois de 2022. Si vous voulez jouer la carte verte, avec des opérateurs « vraiment verts » - ils produisent eux-mêmes une partie de l'électricité qu'ils commercialisent ou s'adressent à une centrale d'achat « verte » -, attendez-vous à voir grimper très vite votre facture.

Enfin, dernier conseil, certains opérateurs ou certaines offres (par exemple, les recharges en « heures super creuses » de 2 heures du matin 6 heures) ne fonctionnent qu'avec le compteur Linky...

Le casse-tête des copropriétés et des parkings

Le casse-tête de l'installation domestique se poursuit au sein des copropriétés. Entre l'accord nécessaire des copropriétaires - sur le principe, sur le choix de l'opérateur, de la facturation... que de belles discussions en perspective -, les réglementations et les normes de sécurité, notamment autour des risques d'incendie, les problèmes de puissance des réseaux, toujours le parcours du combattant des subventions... autant dire que l'installation tient du miracle.

D'autant que si les parkings ne disposent pas de dispositifs anti-incendie, particulièrement coûteux, l'installation sera limitée aux zones en rez-de-chaussée ou, au mieux, au premier sous-sol. Et encore, dans certaines limites du nombre de bornes et de puissance de recharge. Le guide dédié du ministère de l'Intérieur précise qu'il faudra, entre autres contraintes, prévoir des parois pare-flammes entre ces bornes et les places classiques... Il faut dire que les réglementations françaises sont parmi les plus exigeantes d'Europe.

Là encore, bon courage aux syndics de copropriétés. Ils devront aussi faire passer auprès des propriétaires le coût de ces installations et de sérieuses augmentations des primes d'assurance. Chez Foncia, l'un des principaux syndics de France, le taux d'équipement des 180 000 copropriétés de plus de 10 logements est de... 2 %. De belles années d'assemblées générales animées en perspective.

Certes, les nouveaux programmes immobiliers vont devoir intégrer ces contraintes réglementaires et d'alimentation. Mais on parle de 300 000 logements au mieux par an, quand la France en compte 36 millions. On est loin du compte.

La réalité, c'est qu'il reste en France 20 millions de maisons individuelles à équiper, quelque 7 millions de places de parking, qu'elles soient privatives ou chez les bailleurs sociaux. On n'en a pas fini avec le casse-tête.

4

La « watture » pour les riches, la voiture aux budgets chiches

Les bons élèves de la transition écologique d'un côté, les cancres de l'autre, les modernes contre les rétrogrades, les citoyens modèles contre les coupables, les vertueux contre les pollueurs : voilà le face-à-face qui se dessine dans moins de dix ans avec l'injonction du tout-électrique. Une opposition qui va s'établir non pas en fonction du désir personnel de sauver la planète, mais de l'épaisseur du portefeuille ! De vos revenus va dépendre votre appartenance au camp du bien ou à celui du mal. Drôle de conception !

Car, outre les problèmes de l'électrique décrits plus tôt, le prix demeure le principal écueil pour qui veut passer à l'acte. Selon une étude du cabinet Deloitte, seuls 7 % des Français sont tentés par l'achat d'une voiture 100 % électrique. La raison principale de cette faible motivation ? Le prix trop élevé, malgré les bonus gouvernementaux : 64 % des Français ne mettront pas plus de 30 000 euros dans la balance, ce qui est aujourd'hui 2 000 euros de moins que le prix de base d'une Zoé, sans les aides gouvernementales. L'étude de Deloitte, menée entre septembre et novembre 2021 dans 25 pays et auprès de 26 000 consommateurs, relève le même phénomène : la voiture électrique coûte cher, trop cher.

Les nantis opposés aux classes moyennes

C'est donc une France de l'automobile à deux vitesses qui s'annonce, une France divisée entre les plus aisés et les autres. D'ici 2030, échéance que se sont fixée la plupart des constructeurs pour la bascule à l'électrique, des millions de Français n'auront pas les moyens de s'acheter une vertu. Il le faudra pourtant sans doute encore plus tôt que ça, tant s'accélèrent les programmes d'électrification. Un déchirement sociétal sans précédent se prépare. Hier, en matière d'automobile, la distinction entre les plus modestes et les autres s'établissait sur des fondements que les Français avaient acceptés : la puissance d'un modèle, sa vitesse, son luxe, ses équipements, sa ligne, sa marque, porteuse d'un statut social.

Demain, cette distinction sera punitive. Si vous n'en avez pas les moyens, vous ne pourrez pas accéder à un comportement dit vertueux. Vous ne pourrez pas être au volant d'un véhicule zéro carbone, vous serez coincé avec votre solution polluante et le cortège de punitions qui l'accompagnera. À bord d'un diesel, vous serez accusé de tuer chaque année avec vos émissions de particules fines. À bord d'un véhicule thermique, vos émissions vous interdiront l'accès aux centres-villes. Vous n'aurez aucune aide à l'achat, aucun escompte sur le prix de la carte grise. Vous deviendrez des parias de la société... parce que vous ne gagnez pas assez d'argent ! « *Faut-il des véhicules 100 % électriques que les classes moyennes ne pourront pas se payer, tout en demandant aux États de continuer à creuser le déficit budgétaire pour les subventionner ?* », interroge Carlos Tavares dans l'entretien aux *Échos* déjà cité : « *Il y aura des conséquences sociales* », prédit le patron de Stellantis. La voiture a longtemps été l'instrument de l'émancipation des classes moyennes, de l'accès aux congés payés, de la liberté de circuler, du progrès social. Avec l'électrique, elle risque de devenir au contraire un instrument de régression.

50 % de surcoût pour une voiture électrique

La question du prix est profondément ancrée dans la perception des consommateurs sur l'électrique. Dans l'enquête « La voiture : le divorce impossible », menée en septembre 2020 dans 15 pays auprès de 10 000 individus dont 3 000 en France, commandée par l'Observatoire Cetelem qui fait référence sur ces sujets de l'automobile, les consommateurs aux plus bas revenus prêts à acheter un véhicule dans l'année déclarent n'avoir d'autre choix que d'acheter une essence ou un diesel, alors que les plus hauts revenus se tourneront majoritairement vers l'hybride ou l'électrique. Dans l'édition précédente du même Observatoire, 91 % des Français se déclarent conscients du surcoût des véhicules électriques.

Une perception plus que justifiée. L'analyse fouillée menée par le cabinet AlixPartners pour la Plateforme automobile en novembre 2021 démontre un écart de 59 % de valeur entre le contenu moyen d'un véhicule thermique et celui d'un électrique : 15 100 euros pour le premier, 23 900 euros pour le second : près de 9 000 euros de différence ! L'écart de valeur, on le doit essentiellement à la batterie : 8 000 euros sur le second, alors que le coût d'un moteur thermique n'est que de 2 800 euros. L'électronique embarquée pèse également très lourd (6 400 euros pour l'électrique contre 2 400 euros pour le thermique).

Évidemment, l'incidence de ces coûts fait toute la différence sur le prix de vente d'une électrique. En moyenne, il faut débourser 10 000 euros de plus que pour un modèle classique, ce qui signifie souvent 50 % de surcoût pour un véhicule d'entrée de gamme. Un écart de prix que les classes moyennes sont dans l'incapacité d'assumer. La voiture, déjà trop chère, va devenir inaccessible.

Le prix d'une voiture neuve s'est envolé de 35 % en 10 ans

L'avènement de l'électrique va accélérer une tendance déjà bien réelle. Depuis quelques années, la hausse des prix d'un véhicule est vertigineuse. *L'argus*, qui fait référence en la matière avec son enquête annuelle, « La Voiture Moyenne Neuve », révèle qu'en dix ans son prix a augmenté de 35 % ! En 2010, il fallait débourser

19 767 euros pour une voiture moyenne ; dix ans plus tard, ce même véhicule s'affiche à 26 789 euros ! Pour comparaison, entre 2010 et 2020, la hausse des prix en France n'a guère dépassé 1 % par an, et les salaires ont péniblement augmenté de 2 % par an. En clair, la possibilité d'acheter une voiture neuve s'est littéralement effondrée en une décennie pour les Français.

Plusieurs facteurs se sont conjugués pour expliquer la hausse des tarifs. L'électronique embarquée coûte de plus en plus cher, qu'elle soit destinée à l'aide à la conduite ou au confort. Les règles de sécurité imposées par l'Union européenne ont aussi joué : il a fallu multiplier les airbags, installer des régulateurs de vitesse intelligents... Bien entendu, la baisse des émissions de CO_2 déjà imposée aux constructeurs a pesé très lourd dans la balance. L'émergence des motorisations hybrides, qu'elles soient légères ou plus conséquentes avec les hybrides rechargeables, l'apparition des coûteuses batteries ont joué un rôle d'accélérateur de prix.

La tendance s'est à nouveau affolée en 2021. Aux raisons déjà évoquées se sont ajoutés les effets de la forte reprise mondiale, post pandémie. La crise des semi-conducteurs ? Devenus plus rares, ils ont coûté logiquement plus cher. La hausse des prix des matériaux comme l'acier, l'aluminium, le cuivre, s'est conjuguée à celle des prix du transport - le coût de transport d'un conteneur a été multiplié par 5 en un an. Malheureusement pour les consommateurs, la tendance s'est à nouveau accélérée au début de l'année 2022 avec de nouvelles envolées tarifaires, jamais vues. En quelques mois, les Dacia, pourtant voitures *low cost* du groupe Renault, ont vu leurs tarifs catalogue flamber : des hausses de 300 à 500 euros pour des Duster ou des Sandero. Dans une autre gamme, le prix de la Tesla Model 3 a gonflé de 6 000 euros en quatre mois, pour tutoyer les 50 000 euros.

L'acier, le plastique, toujours le cuivre, mais aussi le nickel, le cobalt, le lithium, le platine ou le palladium : toutes ces matières premières indispensables à la construction d'un véhicule, qu'il soit électrique ou pas, ont été propulsées à des niveaux de prix spectaculaires. Les chaînes de production manquent encore de semi-conducteurs, mais aussi, nouveauté 2022, de faisceaux électriques qui relient les différents composants d'un véhicule. L'invasion de l'Ukraine par la Russie est bien sûr la principale raison avancée par les constructeurs pour expliquer cette brutale hausse. Le retour de la pandémie en Chine, et la pratique des autorités chinoises de la politique zéro Covid, qui consiste à imposer des confinements à des villes entières comme Shanghai, a remis à l'arrêt des pans entiers de l'industrie. Avec pour conséquence les ruptures d'approvisionnements des usines automobiles européennes.

La flambée des prix fait les affaires des constructeurs

Une mauvaise passe à surmonter ? Pas du tout. En réalité, ces hausses font les affaires des constructeurs. D'abord, parce qu'ils sont certains de ne jamais revenir en arrière. Les prix baisseraient-ils si les matières premières, les semi-conducteurs ou autres faisceaux électriques revenaient en masse à des prix compétitifs ? Certainement pas. Quand la hausse est inscrite dans les catalogues, elle est définitivement entérinée. C'est la pratique classique du business.

Ensuite, et surtout, parce que les constructeurs ont fait de la hausse des prix un élément constitutif de leur stratégie. Tous, sans exception, ont fait ce choix : l'avènement de l'électrique, les investissements que cela exige, les diversifications coûteuses dans les *gigafactories* de batteries, dans le marché des véhicules d'occasion ou la mobilité dans un sens plus large, autant d'éléments qui obligent à dégager plus de cash. Il y a aussi un effet d'aubaine historique : l'électrique et sa réputation justifiée de cherté va permettre aux constructeurs de vendre des véhicules plus cher, beaucoup plus cher, avec des niveaux de marge nettement améliorés.

Luca De Meo, depuis son arrivée à la tête de Renault le 1er juillet 2020, ne l'a jamais caché. Avec lui, c'en est fini de la course aux volumes de vente voulue par son prédécesseur. Carlos Ghosn avait pour obsession d'être le leader mondial pour le groupe Renault-Nissan-Mitsubishi. Accéder à la première marche du podium, en accélérant sur le nombre de véhicules vendus au détriment de la rentabilité. Une autre feuille de route a été fixée à Luca De Meo : des bénéfices, de la rentabilité avant tout. L'équation, sur le papier, est simple. Il n'y a que deux voies royales pour gagner plus d'argent : réduire les coûts de production et augmenter les prix de vente. C'est ce à quoi s'échine Renault, non sans un certain succès, depuis l'arrivée du nouveau boss italien. Sur le premier critère, les économies sont déjà au rendez-vous, à hauteur de 2 milliards d'euros, avec un an d'avance.

Sur le second, rassurez-vous, c'est en très bonne voie. L'objectif, revendiqué par Luca De Meo, est d'augmenter le prix de vente moyen des véhicules de 5 000 euros en 2023, puis de plus de 7 000 euros en 2025. Cela passe par une montée en gamme – ce qui veut dire moins de véhicules d'entrée de gamme à des prix d'appel, plus accessibles aux classes moyennes – et une politique tarifaire plus élitiste. Le résultat est là : en 2021, tout le catalogue a vu ses tarifs augmenter. C'est ainsi que des modèles aussi populaires que la Twingo, la Clio ou le Captur ont vu leurs prix augmenter de 13 % à 18 % entre juin 2020 et fin 2021. Du jamais-vu. Les ventes de véhicules électriques vont aussi permettre de justifier cette montée en gamme.

Stellantis ne fait pas d'autres calculs. Certes, son patron communique beaucoup sur la baisse des coûts, et bien moins sur la hausse des prix. Mais la logique est la même. Il suffit, pour le constater, de s'arrêter sur quelques chiffres. L'année 2021 a été l'une des plus exécrables pour les ventes d'automobiles en Europe et en France.

+168 % de bénéfices à 134 milliards d'euros pour les constructeurs en 2021

Pourtant, les constructeurs ne se sont jamais aussi bien portés... Le cabinet EY a fait ses calculs : le bénéfice d'exploitation des 16 premiers groupes mondiaux s'est envolé de 168 % en 2021, pour atteindre les 134 milliards d'euros. Avec à la clé une rentabilité record depuis dix ans. En Europe, les ventes se sont effondrées en moyenne de 20 % à 30 % en deux ans, mais les constructeurs n'ont jamais gagné autant d'argent. Stellantis ? 13 milliards d'euros de bénéfices en 2021, trois fois plus que l'année précédente. Mercedes ? 15 milliards d'euros, deux fois et demie de plus. Il faut dire que le prix moyen d'une Mercedes est passé de 38 000 euros à 54 000 euros... Volkswagen ? + 30 % pour 20 milliards d'euros de profits avec des ventes en baisse de 20 %. Qui dit mieux ? Audi et BMW sont sur la même tendance.

Mais comment fait-on pour gagner plus d'argent, beaucoup plus même, en vendant moins d'automobiles ? La réponse est finalement assez simple. Stellantis, Mercedes, BMW, Audi et les autres ont profité de l'aubaine de la crise des semi-conducteurs pour privilégier la production, et donc la vente, des véhicules les plus rentables. Les gros SUV, les modèles haut de gamme, ceux qui rapportent le plus d'argent... et les modèles électriques. Le tout en sacrifiant les véhicules d'entrée de gamme, et en diminuant les coûts avec la mise à l'arrêt d'usines des mois durant, faute de composants électroniques... Bien vu, non ?

Volkswagen ne sera plus la voiture du peuple

Les constructeurs automobiles ont bien sûr tiré la leçon de cette période atypique. Une fois de plus, Tesla a montré la voie. Malgré la crise des semi-conducteurs et la flambée des matières premières, la firme d'Elon Musk a annoncé, à la fin du premier trimestre 2022, un chiffre d'affaires de 19 milliards de dollars, en hausse vertigineuse de 87 % en un an. Dans le même temps, son bénéfice a sextuplé, avec plus de 3 milliards de dollars ! Et la rentabilité de sa division automobile a dépassé les 30 %, plus du triple de la rentabilité des meilleurs constructeurs thermiques...

De quoi conforter la stratégie du tout-électrique des Européens. Volkswagen fut d'ailleurs le premier à vendre la mèche. L'information est passée inaperçue dans la presse française en ce début avril 2022, préoccupée, il est vrai, par d'autres sujets. Le groupe allemand a tout simplement annoncé qu'il allait supprimer de son catalogue pas moins de 60 % de ses modèles thermiques – vous avez bien lu, 6 modèles sur 10 – d'ici 2030. Ce n'est sans doute pas un hasard si l'annonce a été faite au quotidien de la finance britannique, le *Financial Times*, et par le directeur financier du groupe.

Car, bien sûr, on parle d'argent. La volonté est clairement exprimée : il ne s'agit plus d'être le numéro un mondial des ventes, mais plutôt de faire des profits. Pour y parvenir, cap sur les modèles électriques et, pour ce qui reste du thermique, sur le haut de gamme. Cette annonce spectaculaire traduit une évolution profonde de la stratégie du constructeur. Volkswagen, le groupe aux 14 marques, aux 100 modèles et aux 10 millions de véhicules vendus, ne sera plus demain le promoteur de la « voiture du peuple », voulue par son fondateur, Ferdinand Porsche, sous l'impulsion pressante d'Adolf Hitler.

On comprend mieux pourquoi l'automobile allemande, et plus particulièrement Volkswagen, s'est convertie aussi volontiers à l'électrique. Il est beaucoup plus facile de faire avaler aux clients les surcoûts de la batterie sur des modèles qui se négocient déjà dans les fourchettes hautes des tarifs. Outre-Rhin, on y voit aussi, très certainement, un moyen de prendre une longueur d'avance sur le groupe qui est devenu le principal compétiteur de la suprématie allemande en Europe, Stellantis. Mais un compétiteur tiré vers le bas par les modèles plus populaires de Peugeot ou de Fiat, ou d'Opel, racheté à vil prix à General Motors en 2017, et depuis remarquablement redressé par Carlos Tavares.

Les Français n'ont donc guère le choix : s'ils veulent rester en piste, il leur faut aussi entrer dans la course au haut de gamme. Il se trouve que l'électrique, en la matière, est le cheval de Troie idéal. Les constructeurs tiennent là l'occasion de changer de stratégie, tout en accusant la Commission européenne de les amener à l'abattoir... On comprend mieux pourquoi, malgré leurs cris d'orfraie et la casse sociale qui se profile, ils annoncent tous des perspectives de redressement des comptes mirobolant.

5

Le marketing du mensonge sur les économies de l'électrique

On l'a compris, les constructeurs ont de fortes chances de trouver largement leur compte dans cette conversion à l'électrique. Pour eux, la flambée des prix de vente des véhicules zéro carbone va se traduire par une belle hausse des bénéfices. Bien joué ! À condition que les ventes suivent… Reste donc à faire passer la pilule auprès des automobilistes. Et c'est là qu'une grande opération de marketing entre une scène. Mensonges par omission, promesses irréalistes… : tout est bon pour convaincre l'acheteur de passer à la « watture ».

Premier acte, le prix. On l'a vu, il flambe. Il faut donc que la notion même de prix disparaisse. C'est chose faite. À longueur de publicités, presque exclusivement concentrées sur les modèles hybrides ou 100 % électriques, on ne vante plus que le loyer mensuel. Votre Zoé va vous coûter 159 euros par mois. Si vous voulez connaître le détail de la location longue durée qu'on vous propose, il faudra vraiment tendre l'oreille ou chausser de nouvelles lunettes, pour saisir des conditions qui défilent à toute allure ou en petits caractères.

En revanche le prix, lui, a miraculeusement disparu. En l'occurrence, plus de 32 000 euros pour la Zoé E-Tech Electrique en question, sans les options.

Aujourd'hui, plus de 70 % des ventes de véhicules électrifiés se font sous forme de location longue durée. Cette pratique est miraculeuse pour les commerciaux. Ils y gagnent sur tous les tableaux. Outre le fait qu'elle gomme parfaitement la notion de prix, la location avec option d'achat (LOA) est assortie de taux d'intérêt - eh oui, il y a bien un taux d'intérêt dans une « location » - généralement supérieurs à ceux des crédits classiques. Ensuite, elle enferme le client dans un filet aux mailles particulièrement bien pensées. Le chèque de rachat du véhicule en fin de partie est généralement salé. Surtout si l'acheteur a dépassé le kilométrage annuel imposé sur la durée de la « location », ou s'il doit effectuer des réparations pour remettre en état son véhicule, évaluées bien entendu au prix fort par le concessionnaire. Le moyen d'échapper à ces surcoûts ? Rester fidèle à la marque en « louant » un nouveau modèle que ne manquera pas de vous proposer votre commercial bien intentionné. Voilà comment les mailles du filet se resserrent.

Sachez aussi, quand vous achèterez votre voiture électrique, que votre assurance vous coûtera beaucoup plus cher que celle d'une voiture thermique. Pourquoi ? D'abord, parce que le prix de l'assurance est fondé, logiquement, sur le prix catalogue du véhicule, sans tenir compte des primes et des bonus. Cela revient plus cher d'assurer une Zoé à plus de 32 000 euros qu'une Clio à 17 000 euros... Certains assureurs proposent par ailleurs des primes particulières pour garantir la batterie de votre véhicule. Son coût de remplacement, toujours pour une Zoé, est de l'ordre de 8 000 euros... Mieux vaut ne pas tomber en panne. Il n'est donc pas rare de voir des primes d'assurances proposées au double du tarif d'un véhicule thermique équivalent. De quoi, malheureusement, annuler une bonne partie de l'économie réalisée sur l'entretien d'une voiture électrique, effectivement moins élevé qu'un véhicule classique.

Un plein électrique plus onéreux qu'un plein au gazole

Deuxième acte, dans la catégorie des plus gros mensonges, celui de la consommation. Pas une publicité qui ne vous vante le prix de la recharge. Quelques euros dépensés, et hop, votre véhicule est prêt à affronter la route, le plein fait. Ces publicités omettent le coût d'installation d'une prise à domicile et l'obligation, souvent, d'augmenter la puissance de son compteur, donc de s'acquitter d'un abonnement mensuel plus élevé.

Mais il y a pire. C'est sur le sujet majeur de la consommation au kilomètre qu'il y a tromperie manifeste sur la marchandise. Là encore, les expériences truculentes réalisées à longueur de médias par mes confrères journalistes ne manquent pas de sel. Notamment pour la facture de la recharge... Dans l'excellent dossier publié dans *Le Parisien* du 30 mars 2022, « Le vrai prix de la voiture électrique », le journaliste Frédéric Mouchon nous narre, non sans humour, son trajet à bord d'une Kia EV6, véhicule 100 % électrique, qui affiche 450 km d'autonomie, entre Paris et Erquy, dans les Côtes d'Armor. Nous avons déjà évoqué dans un chapitre précédent l'autonomie qui fond comme neige au soleil ou la rareté des bornes de recharge, que souligne *Le Parisien*. Vient la question du coût du voyage : à son terme, Frédéric Mouchon, qui s'est préalablement fendu de l'achat à 20 euros d'une application donnant accès aux bornes de recharge, note : « *Des pleins pas si bon marché au final : pour 450 km, il nous en aura coûté 69,99 euros avec assez d'énergie une fois à destination pour parcourir 200 km (contre environ 62 euros avec du gazole et 82 euros avec du SP95).* » Au passage, le journaliste précise que « *le voyage nous aura pris près d'une heure et demie de plus qu'en "mode énergies fossiles"* ». On est loin, très loin de l'extraordinaire aubaine des quelques euros pour un plein affichée par les constructeurs.

La jungle tarifaire des bornes de recharge

La plupart des convertis à l'électrique ne le savent pas au moment où ils ont franchi, au volant de leur « watture », la porte de leur concessionnaire. En dehors des recharges à domicile, ils vont entrer dans l'incroyable jungle tarifaire des bornes de recharge. Un maquis presque impénétrable où se côtoient une multitude d'offres de tarifs, par abonnement, à l'heure, à la recharge, en fonction de la puissance des bornes, du véhicule, du chargeur intégré à bord, de la qualité des câbles, à des prix variables dans des proportions inimaginables selon les réseaux ou à l'intérieur même de ces réseaux. C'est tout juste si la météo n'entre pas en compte...

Difficile, dans ces conditions, de se faire une idée du tarif précis de votre recharge. Alors que l'écart de prix sur les carburants entre les enseignes ou les stations-service dépasse rarement quelques centimes - sauf dans des cas extrêmes, par exemple entre une pompe en centre-ville à Paris et un hypermarché à prix coûtant –, il est gigantesque entre la gratuité de la recharge électrique que proposent certaines grandes surfaces, le tarif à la maison, et les super chargeurs installés sur les autoroutes. Des écarts qui peuvent aller jusqu'à 500 % de différence !

Qui sait, par exemple, que le coût de recharge d'une Zoé, la plus populaire des voitures 100 % électrique peut grimper jusqu'à 15 euros pour 100 km d'autonomie sur le réseau Ionity, qui regroupe des grandes marques, notamment le haut de gamme allemand. Cet opérateur, considéré comme l'un des plus chers, facturait, début 2022, la recharge 79 centimes la minute. Une facture de 15 euros les 100 km pour une recharge sur autoroute en Zoé, c'est tout simplement 1 ou 2 euros de plus que la dépense en carburant, sans-plomb ou diesel, d'une Clio. Même au pic des prix des carburants à plus de 2 euros le litre début 2022 ! Ce même opérateur propose bien un tarif préférentiel, mais à condition de prendre un abonnement mensuel de 17,99 euros, pour un engagement minimal d'un an, soit une dépense de plus de 215 euros pour pouvoir se servir à la pompe.

La recharge d'une Zoé plus chère que celle d'une Porsche

Mais on n'en a pas fini avec la bizarrerie des coûts. Chez Ionity, comme partout ailleurs, la durée de la recharge dépend en effet de l'efficacité et de la puissance des chargeurs dont sont équipés les véhicules eux-mêmes. On en arrive à l'aberration suivante : payer, pour notre Zoé, jusqu'à cinq fois plus cher son énergie que l'heureux possesseur d'une… Porsche Taycan ! Les chargeurs internes de la sportive de luxe sont en effet beaucoup plus efficaces que votre malheureuse Zoé. Un délire que les concessionnaires se gardent bien d'évoquer devant leurs clients.

Le piège du paiement à la minute n'est pas le fait de ce seul opérateur Ionity qui, d'ailleurs, était en train, au courant de l'été 2022, de faire évoluer sa pratique. En réalité, c'est le système le plus répandu sur le réseau des bornes en France, surtout dans les lieux de grande circulation où il faut inciter les automobilistes à ne pas traîner à la pompe électrique. En somme, cette situation pour le moins ubuesque devient courante : payer moins cher sa recharge à bord d'une Porsche, d'une BMW, d'une Mercedes ou d'une Audi que dans des véhicules électriques d'entrée de gamme. Cherchez l'erreur…

Que dire, enfin, de la flambée des prix de l'électricité ? À cet égard, la crise énergétique démarrée en 2021, puis fortement accrue en 2022 par l'invasion russe en Ukraine, a démontré que la volatilité des prix de l'électricité pratiqués par les opérateurs des bornes de recharge peut être extrême. À titre d'exemple, le tarif des recharges proposées par les bornes Tesla aux conducteurs de la marque est passé de 24 centimes le kilowattheure en janvier 2020 à 46 centimes en mars 2022 : plus de 50 % ! Dans le même temps, la hausse des prix des carburants, qui a fait l'ouverture des 20 heures des semaines durant, a été inférieure de respectivement 30 % pour le sans-plomb et de 40 % pour le gazole.

La guerre du privé va faire des dégâts

Le business des bornes de recharge évolue dans le privé, avec les excès et les revers de la libre concurrence. Ce n'est pas sans rappeler l'histoire récente de la concurrence d'EDF, ouverte aux fournisseurs privés. En un peu plus de dix ans, elle a bien mal tourné, depuis que la crise énergétique de 2021 et 2022 s'est violemment invitée dans le paysage. Avec des opérateurs en dépôt de bilan, d'autres qui liquident les abonnements de leurs clients à tour de bras pour ne conserver que les plus rentables, les factures flambent pour les malheureux abonnés ayant fait le choix fatal des contrats libres, étalonnés sur le prix au jour le jour de l'électricité.

Dans cet univers des bornes de recharge où se battent plus de 700 opérateurs, il y aura forcément des excès, des dégâts, des arnaques, des échecs, des faillites et des regroupements. Et là, pas de puissance publique pour baisser les taxes et limiter les hausses de tarifs, pas de ristourne de 18 centimes d'euro, pas de chèque énergie, pas de chèque anti-inflation. Au contraire, les gouvernements laissent faire et, mieux - ou pire -, poussent l'émergence de ce business à coups de subventions. Il y aura forcément des laissés-pour-compte. Et ce sont les clients de l'électrique qui en feront les frais.

6

Les conducteurs des villes au jus, *black-out* pour ceux des champs

Comme si la fracture du prix organisée par le privé et largement soutenue par des décisions d'État ne suffisait pas, les Français vont se retrouver confrontés à une fracture territoriale majeure, qui cible les propriétaires de véhicules thermiques. Deux textes de loi imposent, à un horizon très proche, une atteinte sans précédent à la liberté de circuler en France. La loi LOM (loi d'orientation des mobilités) et la loi Climat et Résilience. Deux textes issus des travaux d'une convention citoyenne perchée dans l'idéologie écologiste, mais à dix mille lieues de la réalité quotidienne des Français. Deux textes votés dans l'indifférence générale, et pour cause. Le premier est daté du 24 décembre 2019, à l'issue de travaux parlementaires menés dans la liesse de la préparation des fêtes de Noël, moins de trois mois, donc, avant l'état de sidération des Français confrontés au premier confinement général de 2020. Le second texte fut adopté le 20 juillet 2021 et promulgué le 24 août, en plein cœur de l'été, à une période où les mêmes Français avaient davantage la tête à leurs premières vraies vacances post-Covid… S'ils avaient su ce qui les attendait…

Atteinte à la liberté de circuler

La loi LOM impose en effet aux collectivités locales une réglementation très stricte et restrictive de la circulation des véhicules en fonction de leurs émissions, dans les zones où les seuils réglementaires de pollution sont régulièrement dépassés. Les plus polluants peuvent même être tout simplement interdits de circuler. Sont montrées du doigt les grandes métropoles qui, dans le texte de 2019, auront jusqu'au 1er janvier 2022 pour mettre en place ce qu'on appelle désormais les ZFE, les « zones à faibles émissions ». Avant la loi, il s'agissait simplement d'une incitation. Charge aux collectivités locales d'adopter des mesures de restriction de circulation, en tenant compte, bien sûr, de leurs spécificités locales.

Ce qui relevait de la bonne volonté et du bon sens est devenu, avec la loi LOM, une obligation. Mais comme si cela ne suffisait pas, la loi Climat et Résilience franchit un cran supplémentaire, en désignant les villes coupables : toutes les agglomérations de plus de 150 000 habitants. Et en fixant une date limite : 1er janvier 2025. Décidément, l'écologie a souvent un sens aigu du diktat et de l'oukase.

Car, derrière les termes posés par la loi, se cache une réalité tout simplement impossible à mettre en œuvre.

Quelles villes ou agglomérations sont concernées ? Quelque 45 métropoles, des grandes agglomérations bien sûr, comme Paris, Marseille ou Lyon, mais aussi un large échantillon de villes plutôt moyennes, de Pau à Amiens, d'Angers à Valenciennes, en passant par Annecy, Bayonne, Béthune, Chambéry, Douai-Lens, Le Havre, Limoges, Metz, Perpignan, Tours, Saint-Étienne... On en oublie, bien sûr. Nous sommes ici loin des gigantesques métropoles qui marquent le territoire.

17,5 millions d'automobiles menacées d'interdiction de circuler

Qui n'aura plus le droit de circuler dans ces ZFE ? Si on s'en tient à la loi, à partir du 1er janvier 2025, vous ne pourrez plus conduire dans ces villes ou ces agglomérations si vous possédez un véhicule qui ne répond pas aux normes européennes Euro 5 et 6. En clair, ne seront autorisés que les véhicules hybrides ou électriques et ceux arborant une vignette Crit'Air 1 et 2. Selon les calculs de Mobilians, cela signifie que *« 43 % du parc automobile roulant actuel n'aura plus l'autorisation de rouler dans les villes de plus de 150 000 habitants »*, en l'occurrence tous les véhicules essence d'avant 2006 et diesel d'avant 2011. On parle bien du 1er janvier 2025, dans moins de 30 mois à la date où sont écrites ces lignes. Dans 30 mois, 17,5 millions de véhicules, et donc près du double de conducteurs, seront boutés, non pas hors des centres-villes comme on le croit trop souvent, mais bien d'agglomérations tout entières. Inimaginable.

Voilà pour la vision violente, mais simple des choses. Mais nous sommes en France, où rien ne reste simple bien longtemps. Plusieurs facteurs viennent bousculer l'ordonnancement de cette interdiction, en la rendant déjà applicable dans certaines agglomérations. De fait, les ZFE existent déjà largement sur le territoire.

Paris, par exemple, a pris de l'avance, comme toujours sur ces sujets, en interdisant dès 2015 les vieux bus et poids lourds dans le centre-ville. Grenoble fait aussi partie des pionniers en la matière, mais des ZFE sont déjà « en activité » dans des agglomérations comme Rouen, Strasbourg, le Grand Reims, le Grand Lyon... En réalité, la conversion des villes en ZFE est progressive, au bon vouloir des édiles locaux, même si la loi prévoit déjà des étapes intermédiaires obligatoires. 2023 : les sans-vignette (les automobiles de collection ou trop anciennes pour entrer dans les critères) et les Crit'Air 5, soit tout de même près de 2,5 millions de véhicules seront interdits dans toutes les ZFE. 2024 : la règle sera étendue aux Crit'Air 4, soit 3,7 millions de véhicules supplémentaires.

Ensuite, les critères eux-mêmes, en dehors des termes et des échéances précisés par la loi, sont pour le moins élastiques. Chaque ville, chaque agglomération déjà basculée en ZFE ou qui s'apprête à le faire, est libre d'édicter ses propres mesures de restriction. Les règles de circulation ne sont pas les mêmes, avec des plages horaires fluctuantes, des zones géographiques autorisées ou non, les catégories de véhicules. Un gigantesque capharnaüm de règles spécifiques à chaque agglomération « à faibles émissions » qui fait qu'un même véhicule peut être interdit de circuler dans les rues d'une commune, se voir autorisé dans la suivante, puis interdit à la limite d'un autre quartier... Des modalités kafkaïennes, largement inconnues des automobilistes, en réalité presque impossibles à faire respecter.

Ruée sur les voitures de plus de 15 ans... bientôt interdites

Des règles qui vont donner plus de réalité encore au gigantesque fossé qui sépare les nantis, devenus les élus de la voiture propre, et les modestes, condamnés à la voiture sale et désignés à la vindicte écologiste. Car la pression du prix pousse les automobilistes à acquérir des véhicules qui seront bientôt - ou déjà dans certaines agglomérations - interdits à la circulation... Un comble. Qu'on en juge : l'Observatoire Cetelem révèle qu'au début de l'année 2022, les Français se sont rués sur les automobiles de plus de 15 ans ! Il s'est vendu, en janvier de cette année-là, plus de voitures mises en services avant 2007 que de véhicules neufs. Ces vieilles guimbardes ont représenté un quart du marché de l'occasion. Une tendance qui a de quoi effrayer, puisque ce sont des bombes polluantes qui raflent la mise. Car ces véhicules, immatriculés avant 2007, circulent bien sûr dans les bas-fonds écologiques des classements des vignettes Crit'Air, les rangs 4 ou 5, les pires pour la santé et la planète. Ce qui fait leur attractivité, c'est leur prix abordable, quelques milliers d'euros.

Au-delà de ces extrêmes, le marché de l'occasion dans son ensemble profite de l'envolée des prix du neuf. Il y a dix ans, il s'échangeait sur le marché de l'occasion 1 million de véhicules. En 2021, ce sont plus de 6 millions de véhicules qui ont changé de main. Début 2022, 8 automobiles sur 10 vendues en France étaient d'occasion, proportion inédite. Elle illustre parfaitement le désintérêt des acheteurs, pour cause de pouvoir d'achat en berne, envers le neuf et *a fortiori* l'électrique.

Au point que les constructeurs, qui savent jouer sur les meilleurs tableaux à la fois, ont aussi lourdement investi dans ce marché de la seconde main, devenu plus rentable que la vente de modèles populaires d'entrée de gamme neufs... Chez Renault, la ReFactory à Flins, nouvelle filiale autour de l'économie circulaire qui intègre une usine de remise en état de véhicules d'occasion, espère atteindre à brève échéance un chiffre d'affaires de l'ordre du milliard d'euros, avec une rentabilité à deux chiffres. Chez Aramisauto, le spécialiste de l'occasion récemment devenu une filiale de Stellantis, le prix moyen d'un véhicule reconditionné est de 17 000 euros. Presque autant que celui d'une voiture neuve... d'il y a 10 ans ! Un peu comme si le portefeuille des Français était resté bloqué à cette époque. Ce n'est pas pour rien que l'âge moyen des véhicules en circulation en France est, justement, de plus de dix ans.

Fracture écolo-territoriale pour la classe moyenne

L'occasion, transformée en or par les constructeurs, reste du plomb pour la classe moyenne, largement obligée d'utiliser la voiture au quotidien. De fait, plus les Français achètent de l'occasion, plus ils se mettent en situation d'échec face à la grande fracture écolo-territoriale qui se prépare.

Ils n'ont guère le choix. Si les Français roulent beaucoup - 115 millions de déplacements et près de 1,2 milliard de kilomètres par jour selon les chiffres de l'Union routière de France, la bible statistique de l'automobile -, c'est d'abord pour aller travailler. Une enquête Ipsos pour Régions de France et Transdev (2018) montre que pour se rendre sur son lieu de travail, la voiture est le moyen utilisé à 74 % dans les zones rurales, à 77 % dans le périurbain, mais encore à 55 % en première couronne et à 43 % dans les centres urbains. La voiture sert aussi à faire ses courses ou à aller chercher les enfants à l'école. Nos amis de la Convention citoyenne ont oublié que l'usage de la voiture répond tout simplement à une nécessité, faute, la plupart du temps, de moyens alternatifs.

C'est pourquoi 72 % des Français considèrent être « dépendants » de leur automobile (dont 39 % « très dépendants »), comme l'indique, début 2022, une enquête de l'Ifop réalisée pour le compte du loueur Sixt. Très logiquement, ce sont les habitants des communes rurales qui sont les plus dépendants (92 %), mais la dépendance reste très forte (65 %) pour les habitants de villes allant de 100 000 à 2 millions d'habitants – la cible des ZFE. Même les résidents de l'agglomération parisienne se déclarent dépendants de la voiture pour moitié d'entre eux...

L'enquête va plus loin, en révélant une fracture territoriale mesurée d'après le poids du transport dans le budget des Français : il est jugé important par 72 % des habitants des communes rurales contre 58 % de ceux des grandes villes, et seulement 55 % pour ceux de l'agglomération parisienne.

Enfin, dernier critère, plus on est riche, moins on est menotté à sa voiture. Cette dépendance est mise en avant par 72 % des répondants des « catégories pauvres » et 68 % de ceux qui appartiennent à la « classe moyenne inférieure », selon les données de l'Ifop. En revanche, seulement 37 % des Français appartenant aux « catégories aisées » ont ce même rapport de dépendance à l'automobile.

Vient alors tout naturellement la question suivante : puisque les moins aisés sont les plus dépendants à la voiture, puisque pour eux la question du budget est centrale, vont-ils demain craquer pour une voiture électrique parée, paraît-il, de toutes les vertus économiques pour le budget du ménage ? Pas du tout. L'Ifop nous révèle que seulement 31 % des Français envisagent l'acquisition d'une électrique dans les années qui viennent. En 2010, ils étaient 49 % prêts à franchir le pas. Des intentions en chute libre. Pourquoi ?

Majoritairement (55 %), parce que l'électrique coûte trop cher et que le pouvoir d'achat consacré aux transports a chuté en quelques années. Dans les cercles parisiens, on a un peu tendance à l'oublier, le budget consacré aux transports pèse lourd, 14 % du revenu disponible des ménages, selon les chiffres de l'Insee, dont 11 % pour la seule voiture. Mais pour les moins aisés, la facture est beaucoup plus salée : en moyenne 21 % du budget de la famille, une dépense aussi contrainte que celles consacrées au logement et à l'alimentation qui arrivent juste devant. En revanche, la pression est moitié moins lourde pour les plus aisés. Autant dire que la voiture électrique, avec son coût prohibitif, n'est pas près de s'inscrire dans le paysage des plus modestes et de la classe moyenne.

Résultat, malgré les assauts de communication des constructeurs, malgré les aides en tout genre, les milliards d'euros mis sur la table prélevés sur l'argent des contribuables pour pousser la vente de l'électrique, plus de 6 Français sur 10 n'ont aucune intention de se lancer dans l'achat d'une voiture à batterie. Et si les chiffres des ventes des véhicules électrifiés décollent en 2022, ces ventes concernent presque exclusivement les familles les plus aisées, et très souvent l'achat de la deuxième voiture du ménage.

39 km de trajet quotidien pour aller au travail

Voilà qui promet des jours difficiles à tous ceux dont l'usage quotidien de l'automobile n'a rien d'une faribole. En l'occurrence, l'immense majorité des Français. La voiture arrive en effet largement en tête des modes de transport utilisés pour les déplacements locaux : pas moins de 83,3 % des kilomètres parcourus, très loin devant les transports en commun (11,1 %) et à des années-lumière du vélo (1 %), selon les chiffres officiels du Commissariat général au développement durable. Il faut dire qu'on travaille rarement près de chez soi en France, nos concitoyens parcourent en moyenne 39 kilomètres chaque jour pour le seul trajet domicile-travail.

Et cette distance a peu de chances de se voir réduite dans le futur. D'abord, parce que l'explosion des prix de l'immobilier des centres-villes et des habitations en première couronne pousse les Français à habiter toujours plus loin. Ensuite parce que le Covid-19, avec ses confinements à répétition douloureusement vécus par les Français, a réveillé l'envie de logement indépendant, avec son bout de jardin, forcément éloigné des centres-villes. Ce que les élites parisiennes ont parfois bien du mal à comprendre.

Que dire, dans ce contexte, des propos d'Emmanuelle Wargon, alors ministre du Logement, qui en octobre 2021 conclut la concertation portant sur « Habiter la ville de demain » en stigmatisant le modèle du pavillon avec jardin si prisé par les Français. Un modèle qui, selon la ministre, n'est *« plus soutenable »*, mène à *« une impasse »*, *« un fonctionnement urbain dépendant de plus en plus de la voiture individuelle »* devenu *« un non-sens écologique, économique et social »*. L'alternative ? Un habitat collectif promoteur, selon la ministre, de « *services de qualité, du numérique, de la proximité avec les lieux de travail, des commerces et d'espaces publics offrant des lieux de respiration et générateurs de lien social* ». Ce qu'Emmanuelle Wargon appelle « *l'intensité heureuse* » - qui n'est pas sans rappeler la Cité radieuse de Marseille, édifiée par Le Corbusier... en 1952. À part le numérique, on a sans doute vanté les mêmes qualités quand il s'est agi de promouvoir les centaines de milliers de logements sociaux construits dans les années 1960-70, que l'on s'est employé à détruire activement par la suite. En attendant, le discours est difficilement audible pour des Français qui aspirent justement à vivre en maison individuelle (75 %). Ce sont ces mêmes raisonnements détachés de la réalité quotidienne qui ont inspiré les ZFE et leur cortège de restrictions à la liberté de circuler.

À quand le retour des Gilets jaunes ?

C'est un peu comme si les pouvoirs publics n'avaient tiré aucune leçon du mouvement des Gilets jaunes, né de l'inflation des taxes sur les carburants au nom de la transition écologique. Avoir ignoré l'importance du prix des carburants pour les classes moyennes a valu à Emmanuel Macron le plus grave mouvement social du quinquennat précédent, une insurrection populaire qui a laissé désemparés Édouard Philippe et son équipe. Une levée de boucliers de la classe moyenne plus massive encore que le mouvement des Bonnets rouges. En 2013, la grogne qui réunissait également des Français de tous horizons, des petits patrons aux ouvriers, des agriculteurs aux maraîchers, s'était étendue de la Bretagne à toute la France. À l'époque déjà, la protestation était née d'un projet punitif lié à la transition écologique, la taxe poids lourds. Et à l'époque déjà, le mouvement avait échappé aux instances parisiennes, politiques, patronales ou syndicales.

Avec l'entrave à la circulation organisée au sein des ZFE, les pouvoirs publics ne prennent-ils pas un risque inconsidéré ? Celui d'une levée de boucliers de citoyens que l'on va empêcher d'aller au travail ou d'exercer leur métier librement. À qui l'on va interdire de circuler de leur domicile au centre-ville, d'aller chercher leur carte d'identité à la préfecture, de se rendre à une expo, de dîner chez des amis, de faire les courses de Noël. À qui l'on va imposer des horaires stricts de circulation. Qui vont recevoir, dès 2023, une pluie d'amendes de 68 euros, délivrées par des systèmes de caméras automatiques. Voire d'être interdits de circuler à bord de véhicules qui ont pourtant bénéficié d'un bonus écologique à l'achat.

Une chance pour l'État : les Français n'ont absolument pas pris la mesure de ce qui les attend. En octobre 2021, ils étaient 74 % à ne pas savoir ce qu'était une ZFE (sondage Quintessence pour le magazine *Au cœur des régions*), plus d'un tiers n'en a même pas entendu parler. Questionnez vos proches, vos amis, vos voisins : personne ne sait ce qu'est une ZFE. Le réveil risque d'être douloureux, quand les premières interdictions seront signifiées et que les premiers PV tomberont dans les boîtes aux lettres.

L'électrique accélère la désertification des territoires

Le contexte sera d'autant plus explosif, dans les campagnes, que la fracture territoriale liée aux ZFE va s'accompagner de facteurs aggravants. Comme la fin programmée des stations-service indépendantes, qui seront obligées de fermer boutique par milliers avec la montée en puissance de l'électrique, à l'origine d'une chute vertigineuse attendue de leur chiffre d'affaires (voir chapitre 10, « Les sous-traitants électrocutés »). En un peu plus d'une génération, leur nombre est déjà passé de 40 000 à 11 000. Or, elles participent activement au maillage du territoire national, avec encore près de 3 000 stations dans les campagnes et 1 250 dans la grande périphérie des villes. Les stations-service d'antan avaient déjà commencé à disparaître de nos campagnes, demain elles deviendront des raretés dans le paysage. Même sujet avec les dizaines de milliers de garages, eux aussi quasiment condamnés, pour les mêmes raisons que les petits distributeurs de carburant. Ils sont plus de 100 000 à assurer les réparations et l'entretien du parc automobile.

Les citoyens de la France profonde se plaignaient déjà de la concentration des activités dans les zones urbaines – que l'on va avoir de plus en plus de difficultés à rejoindre en voiture ! – et de la perte de proximité des services publics. En l'occurrence, les agences du Trésor, les Caisses d'allocations familiales ou d'assurance maladie, les Pôles emplois, les bureaux de poste qui ont fermé par milliers, au nom de mesures d'économie. En concentrant l'entretien des voitures chez les grands concessionnaires au détriment des petits garages, ou encore les bornes de recharge sur les grands axes routiers ou les parkings de la grande distribution au détriment des stations-service rurales, l'électrique va contribuer à la désertification des territoires. Mais aussi à celle de l'industrie française... Et pourtant, les constructeurs se sont convertis à cette mutation gigantesque tous en chœur, dans un bel enthousiasme de façade qui masque bien leurs inquiétudes.

7

Le couteau électrique sur la gorge

Une symphonie. Depuis plusieurs mois, les annonces tonitruantes se multiplient. Camille Jénatzy, ce Belge qui fut le génial précurseur de l'électrique, avec sa *Jamais Contente*, première automobile à franchir le cap des 100 km/h en 1899, doit s'être plusieurs fois retourné dans sa tombe, de stupéfaction. Cent vingt ans plus tard, chaque constructeur déroule ses ambitions dans l'électrique. Elles ont de quoi donner le tournis. C'est à qui fera le plus : le plus électrique, le plus vite, le plus de gammes, le plus de modèles, le plus de marques converties.

Le grand initiateur, du moins pour la France, se nomme Carlos Ghosn. Le patron déchu de l'alliance Renault-Nissan a été le premier à croire en l'électrique. Sauf que lui, c'était vraiment par conviction. Grâce à son engagement précoce, Renault est devenu précurseur sur le terrain de jeu de la France, avec sa Zoé.

Le groupe en a même fait un film, *Un prince (presque) charmant*, réalisé par Philippe Lellouche et produit par Luc Besson. Il fallait sans doute redresser les finances du producteur du *Grand Bleu*. Un navet absolu - *Télérama*, plutôt conciliant, titrera « Une bluette convenue »

– dans lequel la Zoé joue un rôle à part entière, le trait d'union amoureux entre l'arrogant Vincent Perez et la délicieuse Vahina Giocante. On vante, déjà à l'époque (il y a près de 10 ans !), les vertus de l'électrique. Les prémices.

La bascule totale est beaucoup plus récente, et bien plus radicale. On ne parle plus désormais d'une voiture témoin, mais d'une production convertie à 100 % à l'électrique.

Les constructeurs français se jettent dans le 100 % électrique

Redonnons la parole à Carlos Tavares. « *Dare Forward* », c'est la signature du plan stratégique que le dirigeant présente à la presse le 1er mars 2022. Traduction : « Oser aller de l'avant ». L'immense majorité des quatorze marques de la firme va basculer dans la nouvelle ère électrique. En 2030, 5 millions de véhicules montés par les usines de Stellantis seront électriques, on ne comptera pas moins de 75 nouveaux modèles à batterie. À chaque marque son échéance : Abarth, décidément toujours très nerveuse, sera la première à basculer dans le tout-électrique dès 2024. Opel y tendra dès 2028, les autres suivront à marche forcée. Même les Maserati, qui vont s'inviter dans la Formule E, la version électrique de la Formule 1, seront 100 % pur jus. Sans oublier l'or vert des batteries. On les appelle maintenant des « *gigafactories* » – ce qui veut simplement dire « usines géantes » en anglais, mais c'est plus chic –, méga unités de production qui vont produire ce qui est devenu le Graal du moteur automobile. Cinq vont être construites par Stellantis, en France, dans le Pas-de-Calais et plus précisément à Douvrin, mais aussi en Allemagne, en Italie, aux États-Unis. En 2030, Stellantis, si l'on en croit son patron, aura doublé, avec 300 milliards d'euros de chiffre d'affaires et 100 % de véhicules électriques vendus en Europe, 70 % pour la production totale si on ajoute les autres pays.

Renault n'est pas en reste – ce qui doit bien amuser Carlos Ghosn dans son asile doré à Beyrouth, s'il est sorti de son amertume. Pour le groupe, désormais dirigé par l'italien Luca De Meo, l'étape finale du 100 % électrique à l'horizon 2030 a été franchie le 13 janvier 2022 (l'objectif présenté en juillet de l'année précédente n'était « que » de 90 %...). De la toute nouvelle R5, comme son nom ne l'indique pas, à l'Alpine, l'électrique régnera en maître. Même Dacia, la marque *low cost* de Renault, la plus rentable du groupe, suivra le mouvement.

Pour mieux souligner sa mue historique, Renault a choisi une implantation emblématique dans le nord de la France, les usines de Douai, de Maubeuge et de Ruiz, pour créer sa grande unité de production électrique. ElectriCity sera le fer de lance de sa nouvelle ambition. Trois usines réunies en une seule, 5 000 salariés regroupés, un objectif ultra-ambitieux : produire à terme 400 000 véhicules sur ce site pilote.

C'est là que seront assemblées, entre autres, les nouvelles Mégane, ou l'ambitieuse petite R5, appelée à remplacer la pionnière de l'électrique en France, la Zoé. Un plan industriel immense, à l'aune de ces nouvelles ambitions.

Les autres constructeurs européens sont à l'unisson. Volkswagen a été l'un des premiers à franchir le pas. Mercedes, BMW, Jaguar, Audi, Volvo... on ne compte plus les constructeurs engagés dans la bascule. Même les marques japonaises, comme Toyota longtemps réticent, ont franchi le pas. Les américaines aussi, du moins en Europe. Ford est par exemple l'un des groupes les plus ambitieux en la matière sur le Vieux Continent, en décidant de créer une branche intégralement dédiée à l'électrique, à côté du constructeur historique. Dans le même temps, pour la maîtrise des batteries, tous ces groupes ont lancé une dizaine de projets de gigafactories en Europe.

Les montants des investissements consentis par ces géants de l'automobile donnent le vertige : 30 milliards d'euros pour Toyota ou Stellantis, 26 milliards pour Ford, 23 milliards pour Renault. Le record toutes catégories est détenu par Volkswagen, avec pas moins de 90 milliards d'euros engagés en quelques années. Un rouleau compresseur. Pour l'ex-champion allemand déchu pour cause de dopage aux faux logiciels, cette pluie de milliards est censée faire oublier le « *Dieselgate* »... Et, au passage, améliorer de façon très substantielle les comptes de la firme.

Des montants d'investissements faramineux, des ambitions affirmées à coups de slogans triomphants, une communication sur l'électrique tous azimuts... Impossible, aujourd'hui, d'échapper à ce raz-de-marée.

Une conviction de façade

Les constructeurs sont-ils pour autant vraiment convaincus ? C'est une tout autre histoire. On l'a vu avec les doutes exprimés par Carlos Tavares, pour Stellantis. Chez Renault, on n'est pas moins réservé. Avant l'oukase européen, Jean-Dominique Sénard, le président de l'alliance, et Luca De Meo n'ont cessé de militer pour un adoucissement des objectifs bruxellois. Notamment avec l'idée de préserver les véhicules hybrides, la seule façon de concilier le thermique et l'électrique. À la clé, le maintien des emplois qui vont avec. Auditionnés devant les parlementaires de l'Assemblée nationale le 7 juillet 2021, une semaine avant l'annonce de la décision bruxelloise, Jean-Dominique Sénard et Luca De Meo ont à nouveau plaidé leur cause. Ou plutôt celle, selon eux, des constructeurs français et des dizaines de milliers d'emplois menacés par cette mutation à marche forcée.

D'ailleurs, lors de la conférence de presse de présentation des nouveaux objectifs de Renault, on a bien senti que l'enthousiasme des dirigeants du groupe n'était guère présent. « *On s'est mis en tête,* déclare Luca De Meo, *de préparer les conditions pour que Renault devienne une marque 100 % électrique à l'horizon 2030 »*, du moins pour ce qui concerne les véhicules destinés à l'Europe. Un engagement, ajoute-t-il, qui *« devrait nous permettre d'atteindre tous les objectifs de décarbonation qui nous sont imposés par le régulateur »*. Là encore, on sent bien que la conviction est assez molle...

Il n'y a pas que les constructeurs français qui émettent des doutes. De longue date, les Japonais, pourtant particulièrement innovants sur les véhicules hybrides, sont réticents sur l'avènement de la voiture 100 % électrique. Quand le patron de Toyota annonce en décembre 2021 ses ambitions sur l'électrique - seulement 30 modèles à batterie pour 2030, ce qui n'a rien d'exceptionnel à l'échelle du groupe -, on ne sent pas une vibration particulièrement intense. Les propos d'Akio Toyoda, le boss du leader mondial de l'automobile qui présentait sa stratégie en décembre 2021, sont pour le moins mesurés : *« Il est compliqué de satisfaire tout le monde en proposant la même solution pour tous. C'est pourquoi Toyota entend préparer le plus d'options possibles pour ses clients dans le monde entier. Nous pensons que les véhicules électrifiés se divisent en deux catégories, en fonction de l'énergie utilisée. D'un côté, la catégorie des "véhicules réduisant les émissions de carbone ».* [...] *De l'autre, la catégorie des « véhicules neutres en carbone ». Ces véhicules utilisent une énergie propre* (l'électrique, NDLR) *et n'émettent pas de CO_2 pendant leur utilisation. Chez Toyota, nous faisons l'impossible pour proposer ce type de véhicules. »* L'impossible ? Sans doute, mais un peu à reculons.

Sous la pression des sanctions européennes

Schizophrènes, les constructeurs ? Non, l'engouement pour l'électrique, il faut le chercher ailleurs que dans des ambitions stratégiques. La réalité, c'est que les constructeurs, du moins s'ils veulent encore vendre des automobiles en Europe, n'ont pas vraiment le choix. Non seulement Bruxelles a fixé cet objectif zéro carbone à l'horizon 2035, mais les experts de la Commission ont alourdi les sanctions déjà prévues, histoire d'obliger les réticents à accélérer le rythme.

Des sanctions qui sont autant de coups d'éperons déjà assénés sur les flancs des groupes automobiles. Elles se comptent en grammes de CO_2 émis par kilomètre. Le régime maigre est imposé dès 2007, en l'occurrence un cadre rigide qui fixe une limite en émissions de CO_2 que les automobiles vendues dans l'Union doivent respecter. À cette date, les émissions moyennes des constructeurs en Europe étaient de 158,7 grammes pour chaque kilomètre parcouru. La Commission a fixé un premier objectif à 130 grammes en 2015. Il se trouve que les constructeurs, plutôt disciplinés, l'ont atteint dès 2013. Deux ans d'avance. Erreur fatale, puisque la vertu ne sera pas récompensée. Bien au contraire. Les technocrates vont très rapidement durcir ce rythme de baisse des émissions en changeant la règle : ce sera 95 grammes au 1er janvier 2021. Ils ont fait semblant d'ignorer deux éléments majeurs. D'abord, la vente d'automobiles au diesel qui s'est écroulée. Avant même le « *Dieselgate* », la décrue est amorcée. Le diesel a mauvaise presse. En France, après l'avoir célébré jusqu'à la fin des années 2010, les pouvoirs publics, qui ont cédé à la pression des lobbies écologistes, l'ont progressivement désigné à la vindicte populaire. Les particules fines tuent, même si les progrès des nouveaux moteurs réduisent considérablement le risque.

Le scandale du « *Dieselgate* » (on y reviendra) aura fini de sonner la fin des trente glorieuses du diesel, devenu une grande spécialité française. On a évidemment oublié, dans l'histoire, qu'un moteur diesel consomme beaucoup moins que son équivalent à essence et donc émet beaucoup moins de CO_2, la cible prioritaire de la transition écologique. L'argument des 42 000 morts par an dus au diesel, inlassablement ressassé par les contempteurs du gazole, aura fini par porter. Il est pourtant faux. Ce chiffre, publié dans les années 2000 par la Commission européenne sur la base de statistiques de... 1997 (alors que le filtre à particules n'est devenu obligatoire pour les véhicules diesel qu'en 2009...), a depuis été largement révisé à la baisse. Une étude de l'InVS (Institut nationale de veille sanitaire), en 2012, l'a par exemple rapporté à 2 900 décès par an pour neuf des plus grandes villes françaises. Ce qui, extrapolé à l'ensemble de la population française, aboutit à moins de 15 000 morts par an. Chiffre regrettable, bien sûr, mais bien loin du drapeau rouge des 42 000 décès régulièrement brandi par qui veut mettre en accusation le diesel.

Le succès des SUV signe le déclin du thermique

Second facteur, cette fois plus lié à la voracité des constructeurs, les ventes de SUV s'envolent. Ces véhicules, lourds et moins aérodynamiques que les berlines, sont poussés par les firmes automobiles. Il faut dire qu'ils rapportent beaucoup d'argent. En quelques années, ces « *Sport Utility Vehicles* », à mi-chemin entre le 4X4 et la berline, ont envahi l'asphalte. Début 2021, ils représentaient plus de 40 % des ventes en Europe, contre moins de 20 % il y a dix ans et une quasi-inexistence il y a quinze ans. Mais les polémiques et l'hostilité qu'ils déclenchent ont progressé aussi vite que leurs ventes. Aujourd'hui, ces véhicules accusés d'émettre au moins 15 % de CO_2 de plus qu'une berline de taille comparable sont cloués au pilori. Et ont nourri les arguments des experts bruxellois.

Ces deux éléments conjugués signent, en 2017, la fin de la baisse des émissions de CO_2, pourtant ininterrompue depuis plus de quinze ans. Les émissions repartent à la hausse. Les technocrates de la Commission ne feront alors aucun cadeau aux constructeurs, jugés coupables d'avoir laissé filer la pollution au carbone. Ils sont d'autant moins écoutés à Bruxelles que la facilité avec laquelle ils ont pu baisser dans les premiers temps les émissions a joué contre leur camp.

Le couperet tombe au même moment que l'oukase bruxellois de juillet 2021. Il faut savoir qu'aujourd'hui, les constructeurs doivent proposer une gamme de véhicules dont la moyenne des émissions de CO_2 ne dépasse pas 95 grammes au kilomètre. Les années précédentes, Bruxelles imposait une réduction progressive jusqu'à 60 grammes en 2030 ; ce seuil vient de passer à 43 grammes. La jauge devait être encore durcie avec la redoutable norme Euro 7 dont les termes étaient attendus dans le courant de l'été 2022. Avant donc l'interdiction totale en 2035. Là aussi, le coup d'accélérateur est brutal.

Et gare à ceux qui n'appuieraient pas assez fort sur le champignon écologique. Pour les groupes contrevenants qui vendent leurs véhicules dans l'Union, les fonctionnaires européens ont fixé la punition à 95 euros par voiture et par gramme excédant la limite fixée par Bruxelles. Un vrai produit de luxe. En 2021, pratiquement aucun constructeur concerné en Europe n'a été en mesure de respecter cette règle des 95 grammes - avant même qu'elle ne soit drastiquement durcie. Les analystes financiers évaluent à près de 15 milliards d'euros le montant exorbitant des amendes qui seront infligées à l'ensemble de ces firmes. En moyenne, entre 500 millions et 1 milliard d'euros pour chacune d'entre elles. Et dire que ces sommes, qui vont grossir les budgets de la Commission européenne, seront perdues pour les investissements... dans la voiture verte.

Punition à 50 000 euros pour les automobilistes

Les constructeurs ne sont pas les seuls à être punis, les automobilistes sont également visés. Depuis plusieurs années, ils sont habitués au malus CO_2, dont la sévérité croît régulièrement, avec un seuil d'émission abaissé (133 grammes fin 2021, 128 grammes en 2022, 123 grammes l'année suivante...). Depuis 2022, il faut ajouter une nouveauté, le malus au poids : au-delà de 1 800 kg, il faudra acquitter, à l'achat du véhicule, une punition à 10 euros le kilo, s'ajoutant bien sûr à la sanction financière du malus CO_2. Les sommes à débourser privilégient les ultra-riches, ceux qui pourront s'acquitter sans sourciller d'un malus allant jusqu'à 40 000 euros en 2022, 50 000 euros en 2023... Certes, on argumentera que pour les acheteurs de Bentley ou de Ferrari, 50 000 euros ne font guère la différence. C'est une tout autre histoire quand on s'adresse à l'acheteur d'une Peugeot 5008 qui aura à débourser 3 000 euros de malus.

Des sanctions record pour les automobilistes, une facture à plusieurs milliards d'euros pour des fabricants... La religion du zéro carbone frise l'Inquisition. À vrai dire, les constructeurs ont eux-mêmes largement facilité la tâche punitive des inquisiteurs européens.

8

Le coup de grâce du *Dieselgate*, le coup de pouce d'Elon Musk

En moins d'une décennie, les constructeurs ont perdu une de leur plus grande bataille industrielle. Des années durant, ils ont combattu pas à pas les velléités européennes, dans les couloirs des ministères, en France et ailleurs. Des années durant, ils ont arpenté les kilomètres de dédale du Berlaymont, ce gigantesque bâtiment en croix qui abrite la Commission européenne depuis la fin des années 1960.

Manifestement sans grand succès. Ils n'ont jamais su opposer aux technocrates une logique industrielle *a priori* facile à argumenter : on ne transforme pas une industrie séculaire en quelques années, sans prendre le risque considérable de laisser des milliers d'emplois sur le bas-côté de la route. À leur décharge, en tout cas pour ce qui concerne la France, le soutien des politiques et des administrations a été pour le moins léger, sinon inefficace. Il n'en demeure pas moins que les constructeurs ont perdu la bataille de l'opinion. Il faut dire qu'ils ont aussi eu l'art de tendre, avec un soin extrême et beaucoup de succès, le bâton qui les a roués de coups.

18 septembre 2015. Ils ne le savent pas encore, mais ce jour-là bascule le destin des groupes automobiles qui ont construit un gigantesque pan de l'industrie du XXe siècle. Le mal vient d'un des plus grands et plus respectés d'entre eux, l'Allemand Volkswagen. Ce vendredi, le scandale éclate depuis le Triangle fédéral de Washington, ce quartier qui concentre une grande partie des pouvoirs américains. L'Agence américaine de protection de l'environnement (EPA) accuse Volkswagen d'avoir violé la réglementation américaine antipollution. Il faudra juste un peu plus que le samedi et le dimanche qui suivent pour que Volkswagen reconnaisse sa monumentale tricherie. On ne plaisante pas avec les autorités américaines.

Le mensonge à 11 millions d'automobiles de Volkswagen

Tout commence en 2006, quand l'Allemand lance son projet de moteur adapté aux normes antipollution américaines, plus sévères que celles qui sévissent en Europe. Volkswagen le reconnaîtra plus tard : certains de ses employés, du cadre lambda aux pontes de la hiérarchie, confrontés à l'échec de ce projet, ne trouveront pas d'autre solution que de développer un logiciel pour contourner les tests de pollution américains. C'est un chercheur colombien de l'*International Council on Clean Transportation* qui, en 2013, dévoile le pot aux roses. Il souhaitait simplement comparer les performances en termes de pollution des diesels européens avec leurs homologues américains. La tricherie n'a pas résisté très longtemps à ses travaux. Les logiciels installés dans les véhicules ne déclenchaient les analyses de pollution qu'au moment où les conditions étaient les plus favorables... Faculté bien pratique lors des phases d'homologation. Grâce à cela, les véhicules concernés passaient haut la main les tests en question. Dès septembre 2015, Volkswagen, qui dans un premier temps s'affirmait innocent, reconnaît finalement avoir installé le logiciel fraudeur dans... 11 millions de ses véhicules dans le monde. Pas moins.

L'onde de choc de ce scandale sans précédent n'a pas fini de se faire ressentir. La démission immédiate de son président de l'époque et de certains des cadres responsables de la fraude a peu de poids face aux secousses qui vont ébranler le géant. C'est tout l'empire qui vacille, aux États-Unis, et partout dans le monde, y compris en Allemagne où le groupe en découd encore avec la justice. Les indemnités et amendes versées par l'Allemand sont à ce jour supérieures à 30 milliards d'euros, dont la moitié pour ses seuls clients américains. Et cela n'est sans doute pas fini.

L'affaire n'est pas circonscrite à Volkswagen. Audi, filiale de Volkswagen, passe aussi sous les fourches caudines de l'accusation. Porsche, sa maison mère, est également condamné. Le constructeur BMW reconnaît à son tour avoir installé, « par erreur » (!), un logiciel non conforme.

Les Français gagnés par le scandale

Petit à petit, le scandale gagne les autres constructeurs européens. Vient le tour des Français. En 2016, une commission d'experts, nommée à la suite du retentissement du scandale allemand, est chargée d'analyser les véhicules diesel en France. Son analyse est sans appel : sur les 85 véhicules diesel testés, la commission constate ce qu'elle appelle *« des anomalies »* dans un tiers des cas. En clair, cela signifie que les constructeurs français sont aussi sur la sellette. Ségolène Royal, alors ministre de l'Environnement, à l'origine de cette commission, n'a pas ménagé sa peine pour les défendre, y compris devant les députés européens.

Mais les accusations transmises à la justice en 2017 par la Direction générale de la concurrence et de la répression des fraudes (DGCCRF), saisie du dossier, sont sévères. Elle pointe *« une stratégie visant à fabriquer des moteurs frauduleux, puis à les commercialiser »*. Une stratégie dont la mise en œuvre s'est étalée sur plusieurs années. On est loin du coup de folie d'un ingénieur soucieux de sauver son job. Selon ses enquêteurs, Renault, Peugeot, Citroën, pour ne retenir que des grandes marques françaises, ont sciemment organisé la fraude. Sur des millions de véhicules. Elle chiffre les amendes encourues par ces firmes à plus de 8 milliards d'euros. La justice déploie le grand jeu. Pas moins de trois juges d'instruction du pôle santé publique du tribunal de grande instance de Paris ont été nommés pour mener l'enquête.

En juin 2021, près de six ans après le début de l'enquête sur le volet français du *Dieselgate*, Renault et Peugeot, qui ont toujours nié en bloc, sont mis en examen, pour « tromperie aggravée ». Volkswagen l'est aussi.

Ce scandale, le pire que l'industrie automobile ait eu à affronter, va signer la mort du diesel. Cette spécialité bien française, longtemps poussée par les pouvoirs publics, du général de Gaulle à Nicolas Sarkozy, a succombé à cette crise. Au-delà des suspicions – hormis Volkswagen, aucune autre triche n'a encore été prouvée devant les tribunaux –, c'est la question de l'avenir même de la technologie diesel qui se trouve aujourd'hui posée. Si les constructeurs martèlent à l'envi, et à raison, que les voitures roulant au gazole émettent en moyenne 20 % de CO_2 en moins que l'essence, le déclin de la motorisation s'est franchement accéléré. En France – il y a peu encore fief de la technologie avec l'Allemagne –, seulement 20 % des voitures neuves sont motorisées au gazole ; ce taux culminait à 70 % il y a à peine dix ans !

Entre l'offensive des grandes villes, la crainte des particuliers quant à la valeur de revente de leur véhicule et le progrès des autres technologies, le repli est sans appel, même si le gazole restera incontournable pour nombre de gros rouleurs. Surtout, le durcissement à venir des normes et des contrôles annihile l'intérêt économique de la technologie pour les constructeurs, en renchérissant son coût. Quel intérêt, en effet, de continuer à investir dans une technologie clouée au pilori ?

L'électrique pour faire amende honorable

Mais le *Dieselgate* va bien au-delà. Avoir sciemment triché, pendant des années, va coûter très cher aux patrons de l'automobile européenne, les plus concernés. Leur parole, jusqu'alors très respectée, s'en est immédiatement trouvée démonétisée. Pulvérisée. Volkswagen, qui faisait la loi sur les réglementations en Allemagne, et donc en Europe, assis sur sa puissance financière, sa réputation et l'excellence de ses ingénieurs, est subitement devenu inaudible. Aussi bien auprès des faiseurs de lois et règlements que de l'opinion publique. Comment accorder la moindre confiance à des gens qui ont volontairement trompé les autorités, les régulateurs, et des millions d'automobilistes. Voire mis en péril la santé de millions de citoyens. Quel crédit accorder à ceux qui ont, sans vergogne, osé s'affranchir des textes et des réglementations, à des fins purement mercantiles ?

C'est pourquoi Volkswagen a entamé un virage stratégique majeur vers l'électrique, comme les constructeurs français. Accepter l'électrique, et surtout le rythme infernal imposé par la Commission européenne qui transforme cette stratégie en folie industrielle et sociétale, est devenu dans l'esprit de ces dirigeants, consciemment ou pas, le moyen de faire amende honorable. Mais aussi, on l'a déjà évoqué, de très substantiels bénéfices.

Un autre événement, ou plutôt un avènement, va bousculer sur ses fondements l'industrie automobile : Tesla. Longtemps, les industriels n'y ont pas cru.

Romorantin, cimetière géant des ambitions de Bolloré

Et pour cause ! Les premiers investissements dans l'électrique ont vite tourné à l'échec. Elles sont là, bosselées, en piteux état pour certaines, sur l'immense terrain d'une usine désaffectée, en périphérie de Romorantin, non loin du musée Matra, une ancienne gloire de l'automobile française. Elles, ce sont ces centaines de Bluecars d'un triste gris-bleu, qui reposent à ciel ouvert, dans ce qui est devenu un gigantesque cimetière automobile. Y sont enterrés, aujourd'hui, les espoirs vains de la conquête électrique par le milliardaire Vincent Bolloré.

L'industriel breton n'avait pourtant pas manqué d'ambition : montrer aux constructeurs automobiles que sa technologie de batteries au lithium-métal-polymère (LMP), une batterie « sèche », était la meilleure, la plus sûre, la plus fiable, celle offrant la plus grande autonomie. Elle ne résistera pas à la déferlante des batteries liquide au lithium-ion, adoptée par les constructeurs du monde entier.

Coût de la démonstration ratée : 3 milliards d'euros engloutis en une génération dans ce projet fou. L'installation en grande pompe à Paris en 2011 des

Autolib', si elle signe la réussite d'un concept précurseur de la mobilité partagée, n'aura jamais rencontré l'équilibre commercial et financier. Autolib' aura séduit jusqu'à Los Angeles, Indianapolis ou Singapour, avant son échec parisien en 2018, progressivement étendu aux autres cités.

Il reste bien quelques autobus électriques dont la production permet tout juste de faire tourner les usines de batteries du groupe, en Bretagne et au Canada. Et encore, 149 de ces autobus, 30 % de la flotte électrique de la Ville de Paris, ont été cloués au dépôt par la RATP, après l'incendie spectaculaire de deux d'entre eux en avril 2022... On est loin, très loin, des ambitions initiales. La Blue Solutions des batteries de Vincent Bolloré n'aura pas eu, loin s'en faut, un grand pouvoir de séduction auprès des constructeurs, qui ont préféré adopter une technologie poussée par la Chine.

À une bien moindre échelle, un autre échec cuisant en France, celui-là plus politique qu'industriel, a aussi marqué les esprits. Celui de la Mia, la voiture électrique tant vantée par Ségolène Royal, dont le rêve de créer une filière en Poitou-Charentes a tourné court. La ministre, que l'on voit alors circuler dans ce pot de yaourt à pile, avait pourtant pesé de tout son poids politique pour redresser le carrossier Heuliez. Mais sans succès. En quelques années, le projet est enterré et l'entreprise de Cerizay a fermé ses portes.

Dans les salons parisiens, ces échecs ont longtemps nourri cette défiance de l'intelligentsia automobile envers les succès impossibles du véhicule électrique.

Aux moues dubitatives ont longtemps succédé les regards condescendants des maîtres de l'automobile française.

Comment Elon Musk rebat les cartes de l'automobile mondiale

Le succès éclatant de la firme du bouillant Elon Musk va profondément rebattre les cartes. La firme, dont le nom a été choisi en hommage à Nikola Tesla, l'Américain d'origine serbe inventeur du moteur à induction, est devenue en moins de vingt ans un géant de l'automobile. Non pas en termes de production - avec moins d'1 million de voitures livrées en 2021, c'est un nain -, mais en termes d'innovation... et de valorisation boursière. Même Carlos Tavares finira par reconnaître l'erreur d'appréciation des industriels : *« J'ai un énorme respect pour le travail remarquable de Tesla et d'Elon Musk »*, concède le patron de Stellantis dans *Les Échos*, tout en nuançant, quand même, son admiration : *« Mais on voit bien que la valeur boursière de l'entreprise ne s'appuie pas sur la réalité physique. Il faut aussi reconnaître que Tesla n'a pas le problème de* legacy *(héritage du passé) qu'ont tous les constructeurs automobiles qui ont contribué à la richesse de l'Europe et de l'Amérique du Nord au cours du dernier siècle. Tesla ne doit pas gérer les mêmes contraintes politiques et sociales. »* Certes. En attendant, le succès est bien au rendez-vous.

Contrairement à l'idée reçue, Elon Musk n'a pas fondé Tesla, mais il l'a bâtie après avoir rejoint comme investisseur la petite entreprise en 2004, un an après sa création par deux amis ingénieurs, aujourd'hui plongés dans l'oubli. Il suffit de se transporter vingt ans en arrière pour comprendre l'ovni que représente Tesla à l'époque. Personne ne croit alors à l'électrique, à part Vincent Bolloré et d'autres illuminés. General Motors a même jeté aux orties son projet de véhicule électrique EV1 après y avoir englouti plus d'1 milliard de dollars. La batterie reste rangée sur les étagères, au rayon gadget. Comme la P1, l'une des premières voitures électriques, dévoilée par Ferdinand Porsche en 1898 à Vienne, aujourd'hui exposée au musée Porsche à Stuttgart.

Tesla enquille les échecs, avant de livrer ses premiers véhicules en 2008, avec deux ans de retard. Elon Musk, qui en a pris le contrôle quelques mois auparavant, devient le directeur général. Les frasques du fougueux dirigeant - il annonce, blague douteuse, la faillite de son groupe, fume un joint en direct, accuse de pédophilie le sauveur d'un enfant enfermé dans une grotte en Thaïlande, défie la SEC, le gendarme de la Bourse américain... - le font passer pour un excentrique, génial certes, mais incapable de mener à terme son projet fou.

En coulisse, toujours sur leur lancée, les patrons des constructeurs classiques ricanent, affichent des airs entendus, des sourires narquois, émettent des jugements lapidaires, moquent Tesla et son fondateur. Bref, personne n'y croit. D'ailleurs, la multiplication des déboires, les énormes problèmes de production dans l'usine de Fremont en Californie (ne se décrète pas constructeur qui veut, grincent les grands patrons de l'automobile) alimentent le doute sur le succès futur de la firme.

Tesla vaut plus cher en Bourse que les 15 premiers constructeurs mondiaux

Les seuls à y croire, ce sont les raiders des marchés boursiers. En octobre 2021, la valeur de Tesla dépasse en Bourse 1 000 milliards de dollars. Plus que les 15 plus grands constructeurs mondiaux réunis - dont Volkswagen, Daimler, General Motors, Ford, Toyota, Nissan, Renault, Stellantis, Ferrari, le Chinois Geely - qui détiennent plus de 60 marques et font rouler chaque année près de 70 millions de véhicules... contre 1 million pour Tesla.

Même les accidents mortels attribués au système de conduite commandée coulent sur Tesla comme l'eau sur les plumes du canard, sans vraiment atteindre la réputation de la marque. En décembre 2021, une Tesla conduite par un chauffeur de taxi qui n'était pas en service échappe à son conducteur dans le XIIIe arrondissement de Paris : l'accident fait un mort et vingt-et-une personnes blessées, dont plusieurs gravement.

Le dossier est entre les mains de la justice qui, en mai 2022, ne s'est pas encore prononcée. L'accident parisien n'est pas le seul. La marque d'Elon Musk est visée par plusieurs enquêtes, notamment aux

États-Unis, liées à des défaillances supposées d'Autopilot, son système de conduite automatisée. Ni les accidents, ni le rappel de centaines de milliers de véhicules pour une kyrielle de problèmes, dont beaucoup liés à son logiciel de conduite assistée, ne semblent devoir entamer l'ascension fulgurante de la firme californienne.

L'Américain est indéniablement devenu un grand de l'automobile. Le groupe multiplie ses sites de production - après Fremont en Californie et Shanghai, deux nouvelles usines géantes sont en train de voir le jour au Texas et à Berlin - et devient un producteur de masse d'un produit exclusif. Surtout, Elon Musk a prouvé aux politiques et aux industriels que le concept du véhicule électrique pouvait s'industrialiser et rencontrer un immense succès populaire. Avec, à la clé, une explosion de ses ventes. Il se pourrait bien qu'en 2022 les courbes se croisent entre Renault et Tesla, avec un chiffre d'affaires annuel du second supérieur à celui du premier, pourtant dans le top 5 des constructeurs mondiaux. Tout un symbole. Les objectifs d'Iron Man, le surnom d'Elon Musk, de vendre 10 millions de Tesla à moyen terme, autant que les leaders mondiaux Toyota ou Volkswagen, puis 20 millions à l'horizon d'une décennie, ne paraissent plus si farfelus... Le SpaceX de l'automobile fait de l'ombre aux tenants de la vieille garde ; qu'ils se préparent à passer de vie à trépas s'ils n'acceptent pas de prendre en marche le train de l'électrique.

Le coup de grâce du Dieselgate...

La réussite de Tesla, la capilotade du *Dieselgate*, les transferts de valeur vers l'électrique (il faut électrifier sa communication pour faire monter les cours de la Bourse et attirer les investisseurs), l'aspiration des citoyens à une nouvelle forme de mobilité et, surtout, le diktat réglementaire auront eu raison, en une poignée d'années, des acquis d'un siècle d'industrie automobile.

Voilà donc les constructeurs au pied du mur. Eux vont savoir en tirer profit. Pour leurs employés, leurs sous-traitants ou les automobilistes, cela risque d'être une tout autre histoire.

9

Ouvriers, votre job va être foudroyé

Le constat est implacable. Là où cinq ouvriers s'activaient sur une chaîne de montage pour produire un véhicule thermique, qu'il soit à essence ou au diesel, trois suffiront demain pour fabriquer une voiture électrique du même modèle. Et encore. On n'évoque là que les ateliers ultramodernes des grands constructeurs. La destruction d'emplois sera beaucoup plus massive si on se penche sur les soutiers, ceux qui produisent jusqu'à 80 % des pièces nécessaires à la fabrication d'une voiture thermique. On les appelle les équipementiers, plus particulièrement ceux qui, aujourd'hui encore, fabriquent des culasses, des pots d'échappement, des carburateurs et autres boîtes de vitesses... Objets devenus parfaitement inutiles demain. Il suffit de soixante-dix pièces différentes pour construire un moteur électrique, contre près de trois cents pour un thermique...

De l'autre côté de la chaîne, une fois la voiture électrique sur la route, pas de chance, il faudra aussi compter les victimes de la casse sociale. Les milliers de garagistes et de concessionnaires, qui n'auront pratiquement plus de réparations et d'entretien à faire. Quant aux casseurs, qui devront déconstruire de la batterie, c'est une autre paire de manches que le recyclage d'un moteur. Sans parler des stations-service qui devront se reconvertir en gestionnaires de bornes de recharge, avec deux ou trois fois moins d'emplois à la clé.

Tous les observateurs s'accordent sur ce point, c'est une catastrophe sociale qui s'annonce pour une industrie tout entière. La bascule d'un modèle à l'autre, en à peine une demi-génération, va signer l'arrêt de mort de centaines de métiers et de dizaines de milliers d'emplois. De l'amont à l'aval, en partant de l'épicentre que constituent les chaînes de montage, des dizaines de milliers d'entreprises sont concernées, celles qui travaillent depuis des décennies dans l'ombre des constructeurs, ou celles qui servent les automobilistes et entretiennent leurs voitures.

500 000 emplois menacés en Europe

Les chiffres sont accablants et difficilement contestables. À l'échelle européenne, ce sont plus de 500 000 emplois qui sont menacés, selon les travaux effectués pour le compte de l'Association européenne des fournisseurs automobiles (CEPA). Faux sujet pour les adeptes du paquet Fit-for-55 qui se rangent un peu facilement sous l'ombrelle protectrice du concept de la « destruction créatrice ». C'est l'un des enseignements majeurs des travaux de l'économiste autrichien et naturalisé américain, Joseph Aloïs Schumpeter, selon qui lorsque la destruction est créatrice d'innovation, elle produit plus d'emplois qu'elle n'en a détruit. Concept facilement brandi pour qui veut justifier la casse sociale.

Il est vrai que, face à la destruction, il y aura bien de nouveaux emplois. Dans les logiciels, dans ce qu'on appelle l'électronique de puissance (l'utilisation de l'énergie électrique pour faire rouler une voiture), dans la fabrication et l'assemblage des batteries... La même étude chiffre ces créations à plus de 225 000 emplois nouveaux. Ce qui, au passage, laisse quand même sur le carreau quelque 275 000 personnes.

Et encore, à condition que les filières nécessaires à ces créations soient bien européennes. La batterie est délocalisable, pas le garagiste. Rien ne dit que la filière de batterie « *made in* UE » que la Commission européenne appelle de ses vœux sera suffisamment compétitive pour affronter la concurrence asiatique. On verra plus loin que ce pari est loin d'être gagné. Remplacer les garagistes et les ouvriers par des ingénieurs et des personnels hautement qualifiés ne va pas être une mince affaire...

Pour ne rien arranger, l'automobile européenne affronte cette révolution les jambes coupées par l'une des pires crises qu'elle ait eu à affronter. Une crise historique, où se conjuguent les coups du sort. La pandémie d'abord, qui s'est traduite par un effondrement des ventes de véhicules pendant les périodes de confinement. Avec, en corollaire, la quasi-mise à l'arrêt des métiers périphériques, de l'entretien aux équipementiers. Puis la crise des semi-conducteurs. La pénurie de ces composants électroniques, parfois plus petits qu'un grain de sable, sans lesquels il est aujourd'hui impossible de construire un véhicule, a mis à genoux l'industrie. Bilan : des milliers d'ouvriers au chômage technique, des usines à l'arrêt pendant plusieurs mois, des millions de voitures restées en pièces détachées.

2 millions de voitures ont manqué à la vente

Pour les seuls deux Français Renault et Stellantis, ce sont 2 millions de véhicules qui ont manqué à la vente pour l'ensemble des pays où ils sont présents. En France, cela s'est traduit par un effondrement des chiffres d'affaires des constructeurs et des concessionnaires, avec des délais de livraison dépassant les 8 mois... Bilan, en deux ans, le marché français a maigri d'un quart, avec 550 000 véhicules en moins. À peine 1,4 million de véhicules ont été vendus sur notre territoire en 2021, du jamais-vu depuis plus de quarante ans, contre 2,2 millions en 2019 et 3,7 millions en 2004, à l'heure de gloire de l'automobile.

2022 s'annonce tout aussi catastrophique. Au mois de mars, le marché s'est à nouveau effondré de près de 20 % comparé aux chiffres de l'année précédente. Pour le premier trimestre, la chute est de 17 % par rapport à 2021, et de près de 35 % par rapport à 2019. Déjà 200 000 véhicules de moins en se rapportant à cette dernière année dite « normale ». Ces chiffres ont laissé pantois les spécialistes. Mars est en général le mois où les affaires reprennent, la saison des journées portes ouvertes chez les concessionnaires, en prévision de livraisons pour les vacances d'été. Manque de chance, les clients se sont faits plutôt rares.

Il faut dire que l'effroyable contexte international, l'invasion russe de l'Ukraine, n'a pas vraiment contribué à améliorer le moral des acheteurs. Cette guerre a aussi un impact industriel : si la pénurie des semi-conducteurs vient d'Asie, avec l'Ukraine immobilisée par l'assaut russe, c'est une autre catégorie de composants qui viennent à manquer pour les constructeurs européens. L'Ukraine est un fournisseur presque aussi important que le Maroc ou la Roumanie en équipements tels que les faisceaux de câbles utiles à l'alimentation des systèmes électriques des voitures. Les usines à l'arrêt étaient susceptibles de provoquer, d'après les calculs de l'agence Bloomberg, la perte d'environ 700 000 véhicules au premier semestre 2022. Pas moins de 15 % de la production automobile en Europe.

Dans ce contexte européen, les majors de l'automobile hexagonale ne semblent malheureusement pas les mieux armés pour affronter cette vague destructrice. Du moins pour ce qui concerne leurs activités françaises. Depuis le début de ce siècle, l'automobile française n'a pratiquement pas cessé de détruire des emplois et de délocaliser massivement.

100 000 emplois sur la sellette en France

En 2004, à l'apogée du secteur, 333 000 personnes travaillaient dans la conception et la fabrication de voitures dans l'Hexagone, selon les données compilées par l'institut Rexecode pour le journal *Les Échos*. Aujourd'hui, ils sont péniblement 200 000... Une chute de plus de 130 000 emplois en une quinzaine d'années.

Si on ajoute tous les services associés à la voiture (entretien, recyclage, contrôles techniques...), la filière emploie au total environ 400 000 personnes en France aujourd'hui. « *Avec l'électrique, les compteurs sont remis à zéro* », prévient Luc Chatel, président de la Plateforme automobile, qui regroupe notamment les constructeurs automobiles et les équipementiers. Résultat de cette mutation brutale et imposée : 100 000 emplois sur les 400 000 de la filière sont menacés. Il suffit de se pencher sur l'histoire sociale récente des groupes français pour voir que cette menace est bien réelle.

En 2011, le groupe PSA comptait encore près de 100 000 employés en France, ils sont environ 45 000 aujourd'hui. Les effectifs français de Renault sont sur la même pente. Progressivement, ces deux fleurons ont tourné le dos à la France, plus rapidement pour le second que pour le premier. Les écarts de coûts salariaux, le poids des impôts de production, bien plus élevés que chez nos voisins immédiats, le manque de compétitivité des salariés français, du moins sur l'aspect purement financier, ont coûté très cher à l'industrie automobile.

Que va-t-il se passer avec la bascule vers l'électrique ? Les plans présentés par les deux firmes en début d'année 2022 ne font pas mystère des réductions d'emplois attendues. « *Notre combat à nous, c'est désormais de limiter au maximum les 50 % de surcoût de l'électrique* (par rapport au thermique, NDLR), *en cinq ans, ce qui se traduit par 10 % de gain de productivité en moyenne par an, alors que l'industrie automobile, notamment en Europe, réalise entre 2 % et 3 % de gains par an ! Il s'agit donc de passer de 2 % ou 3 % à 10 % par an !* » À qui doit-on cette déclaration de guerre sociale ? À Carlos Tavares, dans un entretien accordé à quatre grands médias européens, dont *Les Échos*, le 18 janvier 2022. Le grand patron précise : « *L'esprit de compétition nous anime chez Stellantis et nous verrons dans quelques années les constructeurs qui auront survécu et les autres.* » Ouf ! Tavares ajoute : « *Il est évident que si on interdit, comme cela a été décidé, la vente de véhicules thermiques à partir de 2035 en Europe, il va falloir commencer à transformer toutes les usines très rapidement.* » Et d'indiquer, un peu plus loin, « *nous avons tout un écosystème de sous-traitants autour de nous. Il va falloir qu'ils bougent aussi rapidement que nous. C'est la brutalité du changement qui crée le risque social.* » Nous voilà prévenus. La traduction concrète n'a pas tardé à suivre.

Plans de départ et économies massives chez Stellantis et Renault

Quelques jours plus tard, Stellantis présentait aux syndicats maison un plan de 1 300 départs volontaires, par an, en 2022 et 2023. En fait, la prolongation d'un précédent plan de départ qui a permis au groupe de se séparer de 1 380 personnes en 2021, là encore sous forme de départs volontaires. De source syndicale, ce chiffre de 1 300 départs est une moyenne annuelle depuis 2008.

Faut-il, par ailleurs, fermer des usines ? Réponse sibylline du même Carlos Tavares : « *Fermer veut dire mettre un cadenas sur la porte et renvoyer tout le monde à la maison. Nous n'avons pas fait cela. Et si je peux l'éviter, je l'éviterai.* » Mais, précise-t-il, « *l'avenir de nos sites dépendra également des contraintes politiques sur la décarbonation en Europe et de ses conséquences sur le marché automobile* ». À bon entendeur, salut. Carlos Tavares répète d'ailleurs à qui veut l'entendre qu'il ne faudra pas, dans le futur, qu'on rende responsables les constructeurs français des dégâts sociaux dus à des décisions politiques imposées aujourd'hui. Pas faux !

Avec sa bonhomie tout italienne, Luca De Meo, le sauveur de Fiat qui a fait de la 500 un succès mondial, n'y va pas non plus par quatre chemins. Le nouveau patron de Renault a son franc-parler, devant les lecteurs du journal *Aujourd'hui en France* début juin 2021 : « *L'autre avantage, c'est qu'on est tellement dans la m... qu'on a tout intérêt à se réinventer !* » Avant la réinvention, le groupe a surtout nettoyé ses comptes : son objectif de réduction des coûts de 2 milliards d'euros, initialement prévu pour 2023, a été atteint dès 2021. C'est dire. Le groupe, qui perdait jusqu'à 40 millions d'euros par jour, a retrouvé la voie des bénéfices. Dans tous les domaines, la cure a été drastique : des réductions de coûts jusqu'à près de 40 % dans l'ingénierie, des temps de développement réduits d'un quart, une forte baisse de la diversité et du nombre de pièces utilisées... Et des baisses d'effectifs, bien sûr.

Au total, pas moins de 6 300 départs de salariés programmés entre 2020 et 2025, dont près de 4 000 suppressions de postes chez les ingénieurs et les cols blancs.

C'est qu'il faut bien s'adapter à l'évolution du marché. Quand on dit qu'il faut moins de monde pour fabriquer des véhicules électriques, cela ne concerne pas uniquement les ouvriers des chaînes de montage. Les salariés les plus qualifiés sont aussi concernés. « *On est tellement dans la m...* », n'est-ce pas ? Merci Bruxelles. Cela dit, depuis longtemps, Renault est le groupe qui produit le moins de véhicules en France face à son concurrent PSA.

Des bénéfices plantureux en 2021

Ce contexte calamiteux n'a pas empêché les deux majors françaises de dégager de plantureux bénéfices. Au contraire. Les réductions de coûts à marche forcée, la mise au chômage technique de milliers d'ouvriers avec la crise des semi-conducteurs, la production concentrée, en conséquence, sur les modèles les plus chers et les plus rentables... tout cela a fait mûrir des fruits juteux.

Après 8 milliards de pertes en 2020, Covid oblige, Renault a renoué avec les bénéfices l'année suivante. Près de 900 millions. Quant à Stellantis, à tous les facteurs évoqués plus haut se sont ajoutées les économies d'échelle produites grâce à la fusion de PSA, particulièrement réussie, avec Fiat-Chrysler. Résultat : un éblouissant bénéfice de 13,4 milliards d'euros ! Le triple du montant de 2020.

Cette manne financière retrouvée permet à ces deux firmes de prendre à bras-le-corps le sujet de la bascule vers l'électrique. Les deux rivalisent d'annonces. Mais pour ce qui concerne la France, ce sont celles de Renault qui, de loin, ont le plus d'éclat. Elles ont pour nom ElectriCity et Re-Factory. La première, c'est la réunion sur un seul site des trois usines « nordistes » de Douai, Maubeuge et Ruitz, pour créer un géant de l'électricité. Une perspective qui a manifestement rencontré l'adhésion en interne puisque les six organisations représentatives (dont Sud et la CGT, les plus contestataires) ont donné leur feu vert au projet qui va réunir quelque 5 000 salariés. Une chance surtout pour l'usine de Ruitz, qui produit des boîtes de vitesses et qui aurait dû, tout simplement, être vouée à disparaître. Une chance également pour Douai, depuis longtemps en déclin, avec une production réduite à portion congrue des Espace, Scénic ou Talisman, qui ne sont pas vraiment des nouveautés.

C'est ici que seront produites la nouvelle Mégane, la future petite R5 et quatre autres nouveaux modèles, tous électriques bien sûr. L'objectif : 400 000 automobiles dès 2025, une bonne partie de la production du groupe. Avec, à la clé, au moins 700 créations d'emplois en plus des 5 000 déjà réunis.

C'est également sur ce site que Renault va détruire plusieurs bâtiments pour faire une place de choix à la *gigafactory* d'Envision, groupe chinois producteur de batteries. Avec l'idée de créer une « vallée de la batterie », en accueillant à terme d'autres producteurs.

Le deuxième grand projet, au moins médiatique, c'est la Re-Factory, annoncée à grand renfort de publicité, chargée de donner une nouvelle chance à l'usine emblématique de Flins. Depuis le début des années 1950, cette unité a traversé l'histoire de l'après-guerre de Renault. De la Juvaquatre - née en 1937 ! - à la Zoé, en passant, entre autres, par la Dauphine ou la Clio, jusqu'à 20 000 salariés y ont produit l'automobile la plus vendue chaque année par Renault... mais désormais fabriquée en Turquie. Il y a peu, c'était plutôt la fermeture du site, devenue une unité mineure avec 2 600 salariés, qui était dans les cartons des dirigeants. Fâcheux, pour une usine aussi emblématique que l'était Billancourt.

Une renaissance, donc ? Calmons l'enthousiasme. La Re-Factory, ou plutôt la filiale Factory VO, va se contenter de reconditionner des voitures d'occasion, jusqu'à 45 000 par an quand elle tournera à plein régime en 2025. Pour l'instant, l'investissement se limite à quelques millions d'euros et l'unité utilise 11 000 m^2

quand le site de Flins occupe 60 hectares. Certes, d'autres activités sont appelées à y être développées.

Renault vient par exemple d'inaugurer une mini-usine consacrée à l'écosystème hydrogène, destinée à équiper en pile à combustible certains véhicules utilitaires. Au-delà, la firme veut faire du site la première usine européenne dédiée à l'économie circulaire de la mobilité. Outre le reconditionnement des occasions, on va y recycler des batteries ou des pièces usées. C'est ce qu'on appelle une diversification opportuniste et en l'occurrence bienvenue. Pas de quoi, tout de même, restaurer la splendeur de Flins.

30 milliards d'investissement chez Stellantis

Chez Stellantis, la révolution électrique sera puissante (30 milliards d'euros d'investissements), mais beaucoup plus diffuse dans le groupe. Ses 14 marques vont lancer plus de 100 modèles 100 % électriques entre 2022 et 2030. Pour le moment, la seule grande nouveauté française va voir le jour dans les Hauts-de-France, avec la *gigafactory* batteries de Douvrin et son potentiel de 2 000 emplois à terme.

Sous la bannière de PSA, Opel (autre filiale de Stellantis) et TotalEnergies, via sa filiale Saft, c'est un gigantesque site de production de batteries qui va progressivement entrer en service en 2023. Avec sa sœur jumelle allemande, à Kaiserslautern, opérée par les mêmes acteurs, 5 milliards d'euros d'investissements sont mis sur la table par le consortium. Au total, Stellantis prévoit 5 *gigafactories* dans le monde, une seule en France donc, les autres en Allemagne, mais aussi en Italie, 2 étant prévues aux États-Unis.

Voilà comment les deux grands groupes français habillent cette bascule. Les termes sont volontaires, les investissements conséquents, la communication puissante. Pourtant, aucun des deux ne donne la moindre précision sur la réalité de l'impact social de cette transformation brutale et rapide de leur modèle économique. Combien de salariés laissés sur le bord de la route ? Combien d'usines à la clé sous la porte ? Nous ne le saurons pas, alors même que ces dirigeants ont abondamment communiqué sur le risque social du diktat européen du paquet Fit-for-55.

En vérité, les perspectives alléchantes de bénéfices qu'ils affichent sont avant tout liées aux efforts de réduction des coûts et aux améliorations de compétitivité qu'ils comptent obtenir de leurs salariés et de l'évolution de leurs modèles de production. Mais aussi à leur politique commerciale, volontairement dirigée vers les modèles les plus haut de gamme, les plus chers, et donc les plus rentables.

Derrière ces ambitions stratégiques parfaitement habillées en termes de communication se cache une autre réalité. Les constructeurs voient la valeur, ce qui fait leur richesse, leur échapper. Hier, ils confiaient l'essentiel de la production des pièces nécessaires à l'assemblage des automobiles à des tiers. Des équipementiers chaque année essorés comme le sont les agriculteurs par la grande distribution, alors que les prix de vente des automobiles n'ont pas cessé d'augmenter.

Demain, ils se préparent à récupérer cette valeur. Les batteries : voilà où se situe le cœur de la rentabilité du futur. C'est la batterie qui fait le prix de la voiture. C'est la batterie qu'il faut donc maîtriser. D'où l'avalanche de projets de *gigafactories*. Des constructeurs concurrents vont même jusqu'à s'associer pour détenir et exploiter en commun des offres de bornes de recharge. Histoire d'être présents sur toute la chaîne électrique.

La tendance est la même sur le marché de l'occasion. La flambée inexorable des prix des véhicules neufs – la batterie coûte très cher, l'électronique embarquée aussi – a réhabilité la rentabilité des occasions. Et les beaux jours de la filière sont devant nous. Le lancement de la Factory VO ne répond à rien d'autre qu'à la volonté de récupérer une partie de la valeur qui échappait à Renault. PSA l'a bien compris depuis quelques années avec le rachat d'Aramisauto, le leader français de l'occasion, qui développe depuis une politique de rachat tous azimuts en Europe.

Dans ces conditions, que restera-t-il demain à ceux qui détenaient cette valeur hier ? Les équipementiers, les garagistes, les gérants de stations-service, les concessionnaires... Les plus faibles d'entre eux se savent à l'entrée d'un long, très long tunnel. Ils ne sont pas près d'en voir le bout. Ils se comptent par dizaines de milliers.

10

Les sous-traitants électrocutés

Une cascade de faillites, de procédures de sauvegarde, de fermetures annoncées… Fonderies du Poitou, GM&S à La Souterraine, MBF Aluminium à Saint-Claude dans le Jura, SAM dans l'ancien bassin minier de Decazeville dans l'Aveyron, l'Allemand Benteler à Migennes dans l'Yonne, l'Américain BorgWarner à Eyrein en Corrèze, Bosch à Rodez en Aveyron, Mahle à Chavanod en Haute-Savoie… Si vous avez un tant soit peu suivi l'actualité sociale - et politique ! - ces trois dernières années, vous avez forcément entendu parler de ces entreprises. Certaines ont déjà mis la clé sous la porte, d'autres sont menacées de le faire.

Derrière ces noms d'entreprises se cachent les sinistrées du secteur automobile. Pour la plupart, de petites entreprises, des PME industrielles, spécialisées dans les pièces pour l'automobile, obligées de fermer les unes après les autres. Prenez les Fonderies du Poitou. À elles seules, elles racontent cette dépendance étroite de ces équipementiers aux constructeurs (en l'occurrence Renault, longtemps leur unique client) laquelle a fait à la fois leur grandeur et leur déchéance.

Plutôt que d'embaucher et de faire grossir Boulogne-Billancourt, à la Régie, on a préféré sous-traiter la fabrication de pièces - pour l'essentiel des carters, des culasses - à cette entreprise qu'on installe à grands frais à Ingrandes, sur le territoire de Châtellerault. C'est René Monory, alors ministre de l'Industrie et président du conseil général de la Vienne qui, en 1978, pousse en faveur de la création de ce qui deviendra la fonderie la plus moderne d'Europe, si on en croit les propos, cinq ans plus tard, de la ministre du Commerce de l'époque, Édith Cresson. Au temps de sa splendeur, l'entreprise a compté près de 1 000 salariés.

De repreneurs en repreneurs (pas moins de sept, plusieurs français, un américain, un italien, un allemand... pour l'entreprise qui sera scindée en deux, la fonte et l'aluminium, avant d'être à nouveau regroupée), les Fonderies du Poitou, pour la partie alu avec ses 320 ouvriers, ont échappé d'extrême justesse à la liquidation judiciaire en janvier 2022. Grâce à de nouvelles commandes adressées par Renault, sous l'« amicale » pression du gouvernement, premier actionnaire du groupe. L'activité de fonte, pour sa part, a définitivement coulé dans le courant de l'été 2021.

Cette histoire, parfaite illustration des déboires de l'industrie des sous-traitants automobiles, s'accélère. Ceux qui parviennent à survivre ne doivent leur existence qu'à l'oxygène administré par les gouvernements successifs. Nicolas Sarkozy, candidat à l'élection présidentielle, et Ségolène Royal, alors présidente de région, ont par exemple croisé le fer sur le dossier des Fonderies du Poitou en 2012. Depuis quelques années, les défaillances se multiplient, les difficultés s'accumulent.

Chaque fois, les ministres interviennent, promettent des plans de sauvetage, dégainent d'improbables repreneurs. Des fonds de pension, des investisseurs français ou étrangers, rarement industriels, la plupart avides d'aides publiques, de ristournes fiscales et de l'argent abondamment distribué par la puissance publique et les régions, se pressent au guichet, avant de lâcher ces entreprises. Une fois, bien sûr, extirpée la dernière goutte d'argent qu'elles pouvaient encore absorber.

Pour la seule année 2021, près de 3 000 emplois ont été supprimés chez ces sous-traitants automobiles. Il faut remonter à la crise mondiale de 2008-2009 pour retrouver une telle hécatombe en si peu de temps. Les années précédentes, ces PME ont d'abord dû leurs déboires aux délocalisations. Dans ces fonderies, le coût de la main-d'œuvre représente en moyenne le quart du prix d'une pièce fabriquée. Ce coût est divisé par trois, voire plus, au Portugal, en Hongrie, en Roumanie, jusqu'à huit fois en Turquie. Renault et PSA se sont massivement installés au Maroc, qui a fait assaut de mesures fiscales et d'avantages sur les coûts pour attirer ces firmes. Elles ne sont pas les seules. Du côté de Casablanca ou de Tanger, c'est comme si un mini-décalque de toute l'industrie automobile française avait été posé sur un territoire de quelques kilomètres carrés. Résultat des courses, selon le cabinet Trendeo, en seulement dix ans, entre 2009 et 2019, l'ensemble des sous-traitants du secteur automobile a perdu près de 51 000 emplois.

20 000 emplois menacés

L'autre vérité, cinglante, c'est qu'à l'horizon des dix prochaines années, l'immense majorité de ces entreprises n'a plus d'avenir. Embrayages, culasses, boîtes de vitesses, pots d'échappement, carters, carburateurs, arbres à came, soupapes, pistons... ces milliers de pièces mécaniques, demain, n'auront plus lieu d'exister. L'électrification obligatoire d'ici 2035 va leur porter le coup de grâce. Le doute n'est pas permis pour une bonne et simple raison : de la forge à la fonderie, en passant par l'emboutissage, le caoutchouc (à l'exception des pneumatiques), le traitement des métaux, la dépendance du chiffre d'affaires de ces PME au secteur de l'automobile va de plus de 20 % à près de 70 %. Au-delà de 40 % de dépendance, la mort est quasi assurée. Pour les rares qui peuvent espérer survivre, ce sera au prix d'investissements considérables consacrés à d'autres matériaux plus légers, de plus en plus utilisés pour les véhicules électriques, et à de nouveaux outils de travail. À condition, bien sûr, que les compétences suivent. Et que les commandes affluent, de donneurs d'ordres qui ne se pressent pas, et sont toujours avides de coûts les plus bas.

L'étude réalisée par le cabinet AlixPartners pour le compte de PFA (la Plateforme automobile), anticipe jusqu'à 20 000 pertes d'emplois nettes, pour les seuls sous-traitants de l'automobile. Une nouvelle hécatombe. Et on ne parle ici que du volet industriel, celui qui préoccupe toujours le plus les pouvoirs publics, car c'est celui qui s'invite sur les écrans des chaînes d'information, aux 20 heures des grandes chaînes, et dans les pages des journaux...

Court-jus pour les garagistes et les autres oubliés des politiques

L'avenir n'est pas plus rose pour les grands oubliés des médias et des hommes politiques, le monde du service autour de l'automobile. Et pour cause, on parle là d'entreprises souvent beaucoup plus modestes, peu syndiquées et dont les activités produisent moins d'images spectaculaires. Les oublier, c'est les condamner encore un peu plus. Pourtant, elles figurent parmi les plus fragiles. De qui parle-t-on ? Ce sont les soutiers de « l'aval », à la différence des équipementiers qui œuvrent dans « l'amont » de la production automobile : les garagistes, les concessionnaires automobiles, les réseaux d'entretien, les stations-service, les casses auto... Des milliers d'entreprises qui servent aujourd'hui un parc de 39 millions d'automobiles, et représentent 190 milliards d'euros de chiffre d'affaires avec quelque 500 000 employés. Tous ne sont pas au cœur du problème : les auto-écoles, qui appartiennent à ce monde du service, continueront de faire passer le permis, les loueurs de louer - encore que, comme on l'a vu, ils ne pourront louer que si le réseau des bornes de recharge suit... -, le contrôle technique continuera de contrôler - même si les contrôles seront considérablement simplifiés -, de même les gestionnaires de parking, à condition qu'ils aient les épaules suffisamment solides pour investir massivement dans l'électrification de leurs places de stationnement.

En revanche, pour des pans entiers des services, l'histoire va singulièrement se compliquer dans les années à venir. Ils sont actuellement 105 000 à être spécialisés dans l'entretien et la réparation de voitures en France et emploient près de 300 000 personnes. Parmi eux, des dizaines de milliers de petits garagistes, souvent des entreprises qui font travailler un ou deux mécaniciens, le patron les mains dans le cambouis, et souvent l'épouse aux commandes et aux factures.

Claude Zaveroni, garagiste de son état à Ghisonaccia, en Haute-Corse, a déjà fait le deuil de son activité. « J'ai des clients qui sont passés à l'électrique, ils continuent à venir me voir... mais pour prendre le café ! Mon fils devait reprendre le garage, il m'a déjà prévenu, il va changer de métier. » Et son épouse qui s'occupait des factures et des papiers à mi-temps dans le garage va devoir trouver un autre job. « Et moi, raconte Claude, je vais me spécialiser dans les voitures de collection... Mais ça ne me rapportera pas de quoi faire vivre ma famille. » Et si son fils suivait une formation à l'électrique ? Pour s'adapter aux nouveaux métiers, passer de mécanicien à technicien électrotechnique ? « Oui, on y a pensé, mais pour quoi faire ? Les voitures électriques, je ne les vois passer dans mon garage que pour changer les pneus ou les essuie-glaces... Même pour les hybrides, il y a beaucoup moins d'entretien. Mon fils, quel intérêt il va avoir à se lancer dans des formations qui coûtent cher s'il n'y a plus de clients ? » Constat amer.

Ceux-là, ces milliers de garagistes, ont vraiment du souci à se faire, car avec les voitures électriques, il faut oublier, ou presque, l'entretien et les réparations. C'est l'un des mérites incontestables de l'électrique : il n'y a pas plus simple. Un moteur électrique, une batterie, un système de transmission sans boîte de vitesses et, bien sûr, beaucoup d'électronique suffisent à faire rouler une électrique. Une aubaine pour les automobilistes, mais un cauchemar pour les garagistes. Plus de vidanges, plus de filtres à huile ou à air à changer régulièrement, plus de bougies encrassées, plus de courroie de distribution qui lâche, de radiateur qui fuit... Un moteur thermique est composé de quatre fois plus de pièces qu'un moteur électrique, le coût d'entretien ou de réparation de ce dernier est au moins divisé par deux.

Même pour les freins, il faudra changer moins souvent les plaquettes. La plupart des voitures électriques sont en effet équipées de systèmes de récupération d'énergie au freinage qui se transforme en puissant « frein moteur », et économisent le freinage classique. Certes, il faudra continuer à changer les pneumatiques (en l'occurrence plus souvent car ils s'useront beaucoup plus rapidement en raison de la surcharge pondérale des batteries électriques) ou à remplir le réservoir du lave-glace... Mais pour les garagistes, cela signifie une baisse spectaculaire du chiffre d'affaires. D'autant que les pannes, elles aussi, sont beaucoup moins nombreuses. Moins d'entretien, moins de réparations, moins de dépanneuses à sortir, moins de tout en somme. Ce qui veut dire beaucoup moins d'argent pour boucler les fins de mois.

Révolution en vue pour les réseaux de réparateurs

Les mêmes questions se posent pour les réseaux de réparateurs. Les Speedy, les Midas, les Feu Vert pour les plus connus, mais aussi des dizaines d'autres réseaux qui ont fleuri ces dernières années. Les Garage & Co, Garage Premier, 1, 2, 3 AutoService, Autofit, AD Expert, Point Repar, Technicar, Top Garage, pour n'en citer que quelques-uns, se sont tous rués sur le business de la réparation qui a flambé ces dernières années, en suivant la folle inflation des pièces détachées, véritable manne financière pour les constructeurs.

Avec l'avènement de l'électrique, la vague, c'est une certitude, va refluer tout aussi fortement qu'elle a déferlé. Les grands ont déjà entamé leur mutation. Chez Speedy, chez Midas, on se lance dans la gestion de flottes entières de véhicules électriques d'entreprises, on réfléchit à des modèles d'échange standard des batteries… Encore faut-il avoir les moyens de lancer ces conversions, dont la rentabilité n'est pas assurée. C'est loin d'être le cas pour la multitude de plus petits réseaux d'entretien et de réparation dont les années, sinon les jours, sont comptées. Sans parler des sites spécialisés, les Oscaro, Mister Auto, Norauto ou autres Yakarouler, qui ont fait leurs choux gras avec la vente de pièces détachées et n'auront demain plus grand-chose à vendre.

Bien sûr, le parc des voitures thermiques ne va pas s'éteindre du jour au lendemain. L'agonie sera progressive. Selon les calculs de Mobilians, compte tenu de la montée en puissance de l'électrique et donc avant même l'échéance de 2035, le volume d'activité de l'entretien réparation devrait cependant chuter de 15 % entre 2020 et 2035 et les dépenses moyennes par véhicule de 19 %. Résultat des courses : 7 milliards d'euros de chiffres d'affaires partis en fumée, entre 12 000 et 16 000 salariés sacrifiés pour cette filière qui emploie 80 000 personnes. Après 2035, la cadence de l'électricité ira en s'accélérant avec des dégâts sur ces activités traditionnelles pour corollaire.

La disparition annoncée des stations-service indépendantes

Les problèmes que vont rencontrer les propriétaires indépendants de stations-service sont du même acabit. D'abord parce que la plupart d'entre eux assurent leurs fins de mois grâce, justement, aux opérations d'entretien qu'ils réalisent. Les mêmes causes vont donc produire les mêmes effets. Ensuite parce que la décarbonation progressive du secteur des transports va mécaniquement provoquer une baisse des ventes des carburants.

La faiblesse des marges - entre 1 et 2 centimes en moyenne par litre de carburant vendu pour un indépendant ! - a déjà eu raison de milliers de stations-service.

La solution ? Il n'y en a pas. Et certainement pas celle qui consiste à affirmer que ces vendeurs de carburants n'auront qu'à vendre de l'électricité demain pour survivre. Entre les investissements nécessaires, la rentabilité extrêmement faible du kilowattheure vendu (un rapport d'au moins 1 à 15 en faveur des carburants), le temps d'occupation (quelques minutes à la pompe contre des dizaines de minutes à la borne), l'équation est tout simplement insoluble pour un gestionnaire indépendant de station-service. Sans oublier le fait que 80 % de la recharge de véhicules électriques se fait à domicile... Une évolution fatale pour les pompistes. Comme pour les garagistes, Mobilians craint une hécatombe, en anticipant une perte de 50 % à 80 % de chiffre d'affaires selon les établissements, d'ici 2035.

Ne nous y trompons pas, le réseau des bornes de recharge sera donc aux mains de ceux qui auront les moyens de développer des activités annexes (loisirs, restauration, commerce...) et concentré sur les réseaux à très grande circulation. Les grands réseaux pétroliers (eh oui !), la grande distribution - pour attirer les clients dans les hypermarchés -, les géants de l'énergie et les consortiums de constructeurs automobiles. Dans tous les cas, ces concentrations se feront au prix d'une évidente casse sociale.

11

Les concessionnaires sous haute tension

C'est une tout autre problématique que vont devoir affronter les concessionnaires automobiles. Comme pour les garagistes, l'activité d'entretien et de réparation va cruellement leur faire défaut. Il se trouve que ces activités sont, de loin, les plus pourvoyeuses de marges, bien plus qu'avec les ventes de voitures neuves. Là encore, les chutes de chiffre d'affaires vont être spectaculaires. Leur rentabilité - à peine 1 % de marge bénéficiaire après impôts en moyenne - va fortement chuter. Jusqu'à présent, ces PME se rattrapaient sur les volumes vendus. Certaines d'entre elles peuvent écouler jusqu'à 100 000 véhicules par an et engranger des chiffres d'affaires pouvant aller jusqu'au milliard d'euros. Mais c'est le modèle lui-même qui est remis en question et pas par n'importe qui. Que dit Carlos Tavares, dans cet entretien décidément fondateur d'une nouvelle vision de l'automobile accordé aux *Échos* ? Question du journaliste : *« Les concessionnaires appartiennent-ils au passé ? »* La réponse fuse : *« S'ils ne rendent pas leurs clients heureux, ce sera le cas. Ce qui est effectivement en train de changer, c'est que les constructeurs n'auront plus les moyens d'aider les concessionnaires dans le contexte d'accroissement des coûts. Je pense qu'on a plus besoin, pour présenter des modèles, d'avoir des showrooms de 2 000 mètres carrés qui sont de véritables cathédrales !* »

Ces mêmes cathédrales dont les constructeurs ont exigé l'édification quand cela leur était nécessaire. Le message est clair : les surcoûts de l'électrique, et bien vous en assurerez votre part. Et pas la moindre. Le patron de Stellantis n'a pas seulement tenu ces propos lapidaires, il a joint les paroles aux actes.

En mai 2021, Carlos Tavares a annoncé son intention de renégocier les contrats des concessionnaires et des agents de ses 14 marques en Europe, avec un effet deux ans plus tard, au 31 mai 2023. Un vrai tsunami pour des centaines de chefs d'entreprise qui avaient déjà eu à subir le contrecoup de l'effondrement des ventes lié à la pandémie et à la pénurie de semi-conducteurs ayant mis les usines françaises et les ventes de véhicules à l'arrêt. L'atterrissage des renégociations des contrats n'est pas encore connu mais les grandes lignes, oui : les concessionnaires deviendront des agents commerciaux rémunérés soit au pourcentage sur les ventes, soit au forfait. Le prix du véhicule ne sera plus négocié par le concessionnaire mais fixé par le constructeur. C'est la fin d'un lien historique - les concessionnaires achetant par milliers des véhicules pour les revendre, les constructeurs participant de près ou de loin au financement et à l'installation territoriale des concessions - qui se profile.

Le tout sur fond de renégociation européenne du règlement qui lie les distributeurs et les constructeurs. Notamment sur le sujet brûlant de la vente en ligne. Dans son plan stratégique, Carlos Tavares s'est fixé l'objectif de réaliser 25 % du chiffre d'affaires en ligne à l'horizon 2025 en Europe, contre à peine plus de 1 % aujourd'hui. À la clé, de substantiels gains de marge, une meilleure connaissance des clients et la maîtrise des données numériques de ces clients. Avec l'idée de développer, en parallèle de la simple commercialisation des voitures, des services de location, des financements pour d'autres projets, des assurances... Toutes sortes d'activités lucratives qui n'ont plus grand-chose à voir avec la production d'automobiles.

Le partage de la donnée, l'or du nouveau business

Le partage de la donnée, l'or du nouveau business, est aussi au cœur des discussions avec les concessionnaires. Car, comme le dit Luca De Meo, dans une discussion avec les lecteurs du *Parisien*, le « *click and collect* » est devenu une réalité dans l'automobile. On choisit sur Internet, on achète en concession. Autrefois, les clients effectuaient entre six et sept visites en concession, aujourd'hui une ou deux suffisent. Mais c'est négliger tout le travail administratif fait en concession : le montage du plan de financement, les primes, massives, à l'électrification que le concessionnaire avance, avant de se faire rembourser par le gouvernement… Sans oublier la prise en main des véhicules qui n'est pas des plus simples. Notamment pour l'électrique.

Déjà sous pression des constructeurs, les concessionnaires doivent en outre affronter une nouvelle concurrence, les plateformes en ligne géantes. Elles ont émergé dans le paysage français de tous les côtés : CarNext, BCAuto Enchères, Cinch, WeBuyAnyCar, Cazoo, Auto1.com, vendezvotrevoiture.fr, Autohero, Heycar pour n'en citer que quelques-unes sur le marché de l'occasion… La déferlante se prépare aussi pour le neuf. Le tout sur un marché atrophié. Autant dire que les 13 000 distributeurs d'automobiles en France, qui emploient près de 150 000 salariés, sont au pied du mur avec la percée de l'électrique et des nouveaux usages qu'elle apporte. Certains se sont lancés dans la course à la diversification. Emil Frey France s'est associé à BCAuto Enchères dans la vente d'occasions destinées aux professionnels, BYmyCAR, un autre distributeur, a racheté les VTC Marcel, puis l'auto-école en ligne En Voiture Simone, Jean Lain Mobilités a racheté Kleuster, un fabricant de triporteurs électriques… Mais le mur sera infranchissable pour les plus fragiles.

Les recycleurs au pied du mur de la batterie

Une autre filière a de bonnes raisons de s'inquiéter. Ceux qu'on désignait hier comme les forçats de la casse automobile et dont le métier a gagné des galons grâce à la transition écologique. Les voilà confrontés, dès aujourd'hui, à une évolution profonde de leur métier avec l'électrification massive du parc automobile, car l'accélération de la vente de véhicules hybrides depuis quelques années commence déjà à produire ses effets.

Évidemment, ne se revendique pas recycleur de batteries qui veut. Ne serait-ce que parce que les batteries lithium-ion ont une fâcheuse habitude : facilement prendre feu ! C'est très souvent le cas pour les batteries que contiennent les vélos, les brosses à dents, bien sûr tous les objets électroniques, des smartphones aux tablettes, en passant par les consoles de jeux vidéo... et même les clés de voiture ! Le Bureau d'analyse des risques et pollutions industriels (Barpi) a ainsi recensé autant d'accidents en l'espace de trois ans, entre 2016 et 2019, que sur les quinze années précédentes... Au point que les départs de feu dans les sites de recyclage commencent à inquiéter sérieusement les assureurs, avec à la clé une augmentation sensible des primes, voire un refus d'assurer. Il se trouve en effet que le lithium est un élément très inflammable, notamment sous la pluie (au contact de l'eau, le lithium dégage de l'hydrogène, gaz très inflammable). Le problème est différent pour les batteries des voitures, plus contrôlées, mais il n'en demeure pas moins que ce risque inquiète les recycleurs, obligés de prendre des dispositions particulières pour gérer cet inconvénient majeur.

Au-delà, lorsqu'une batterie parvient en centre de recyclage, commence un cycle particulièrement complexe et coûteux. La première étape consiste à broyer la batterie, puis à séparer le plomb, les matières oxydées, les métaux. Des procédés chimiques et mécaniques entrent ensuite en jeu pour isoler les matériaux ; pas question de mélanger lithium, nickel, cuivre, aluminium, cobalt, cadmium… Tous doivent être récupérés avant d'être réutilisés. Ne nous y trompons pas : cette filière a, pour le coup, un avenir certain. La principale difficulté sera de parvenir à gérer une transformation radicale qui laissera sur le côté les moins performants.

Les aides de l'État mal branchées

On l'a compris, l'échéance brutale de 2035 risque de provoquer des dégâts considérables pour la plupart des métiers des sous-traitants de l'automobile. Des dégâts dont l'ampleur potentielle n'a pas laissé indifférents les pouvoirs publics, déjà sous le choc de la pandémie. Dès le mois de mai 2020, devant l'écroulement des ventes de l'automobile – 88 % au mois d'avril, alors même que les ventes « digitales » étaient autorisées –, Emmanuel Macron a présenté un plan de relance de l'automobile que le gouvernement a alors chiffré à 8 milliards d'euros. Chiffrage quelque peu tronqué puisqu'il comprend le prêt garanti de 5 milliards accordé à Renault pour permettre au groupe de se relever de la crise, ainsi que l'effort d'investissement consenti en faveur des usines de batteries déjà annoncé.

Un plan d'abord destiné à relancer les ventes du secteur : plus d'1 milliard d'euros de soutien massif à la demande… de véhicules électriques ! Des primes à l'achat qui bondissent de 6 000 à 7 000 euros pour les particuliers, et de 3 000 à 5 000 euros pour les entreprises ou les collectivités. Même les hybrides rechargeables bénéficient d'un coup de pouce de 2 000 euros, à condition qu'elles puissent rouler plus de 50 kilomètres grâce à leur batterie. Heureusement, le plan a aussi, mais très partiellement, concerné les véhicules thermiques les moins polluants, avec une prime à la conversion d'une vieille voiture polluante doublée à 3 000 euros pour l'achat d'un véhicule thermique (neuf ou d'occasion aux normes Crit'Air 1, uniquement neufs pour les normes Crit'Air 2), et à 5 000 euros pour les véhicules électriques.

À cela s'est ajouté un copieux volet industriel (1 milliard d'euros annoncés) mais exclusivement en faveur de l'électrification. Comme si la crise, en cours ou à venir, allait être sans effet sur les centaines de milliers d'emplois de la filière. Il aura fallu attendre plus d'un an pour que le gouvernement d'alors réalise son erreur.

En décembre 2021, les ministres concernés de l'époque, Bruno Le Maire à l'Économie et aux Finances, Agnès Pannier-Runacher à l'Industrie et Elisabeth Borne au Travail, ont présenté un plan global de soutien de 400 millions d'euros, cette fois « pour accompagner les sous-traitants, les salariés et les territoires dans la transition de la filière automobile », selon le communiqué de presse publié par les ministères ; 400 millions essentiellement destinés à « soutenir des projets de diversification visant à développer ou industrialiser de nouveaux produits et procédés de fabrication, en lien avec le véhicule électrifié et ses composants », selon Agnès Pannier-Runacher, dont 100 millions fléchés vers les territoires.

Outre les montants annoncés - une paille, en regard de la mutation qui attend la filière -, ce plan a un autre défaut majeur. En privilégiant presque exclusivement l'industrie, il oublie nos garagistes, nos pompistes, nos concessionnaires, nos casseurs... tous ces métiers de service qui permettent aux 39 millions de véhicules de rouler et qui, eux aussi, vont devoir affronter l'échéance de 2035.

12

Amis chinois, venez donc vous brancher sur l'Europe !

Il faudra vous y faire. Depuis quelques mois, et de plus en plus souvent dans les années qui viennent, vous risquez de croiser sur nos routes des automobiles aux lignes et aux sigles étranges : U6 Ion, Han, Tang, E-HS9, Nio ET7, Ora Cat 02, Wey, P5, AitoM5... Vous vous croyez transportés dans l'univers imaginaire et futuriste d'un jeu vidéo ou d'une série de science-fiction ? Pas du tout, les noms qui viennent d'être cités ne sont qu'un échantillon des nouveaux modèles de véhicules électriques que les constructeurs chinois proposent déjà à la vente en Europe et pour certains en France. Plus d'une dizaine de marques sont désormais commercialisées sur le Vieux Continent. Le nom des constructeurs qui les fabriquent, en Chine bien sûr, ne nous sont pas plus familiers : Aiways, BYD, Hongqi, Great Wall Motors, Huawei, XPeng, Lynk &Co, Geely, Polestar... Mais ces inconnus sur le Vieux Continent sont des géants sur leur territoire, où ils produisent déjà des dizaines de millions de véhicules chaque année.

S'ils débarquent dans l'Union européenne, c'est que Bruxelles leur a ouvert toutes grandes les portes de notre marché. Avec la décision d'électrifier à marche forcée le marché automobile européen, les technocrates de la Commission leur ont offert un magnifique étal de 20 millions de véhicules commercialisés chaque année. Ils ne vont pas se priver d'y proposer leurs plus beaux fruits.

L'offensive commerciale chinoise en Europe est déjà ancienne. Dès le salon automobile de Francfort, en 2005, la Chine avait fait sensation en exposant, pour la première fois, quelques véhicules. Sept modèles affichés à des prix imbattables, mais en réalité tellement éloignés des canons occidentaux en termes de performance technologique et de sécurité, qu'ils se sont révélés impossibles à homologuer sur nos routes, sauf pour l'un d'entre eux... L'empire du Milieu, alors considéré, à juste titre, comme dépourvu de toute expérience en matière de construction automobile, a vite appris. Grâce, il faut le dire, aux prévenances des géants occidentaux. General Motors, DaimlerChrysler, Volkswagen, PSA, les Japonais Toyota ou Honda et d'autres encore, en jouant des coudes auprès du Parti pour s'installer sur l'un des marchés les plus juteux de la planète, ont offert aux constructeurs chinois leur bijou le plus précieux : l'expertise technologique.

On a levé toutes les barrières de protection

Comme pour l'aéronautique, le ferroviaire ou le nucléaire, les transferts de technologies ont vite permis aux entreprises locales de se mettre à niveau, au moins pour ce qui consiste à faire rouler un véhicule en sécurité. Mieux, si l'on peut dire : les constructeurs chinois ont non seulement comblé leur retard, mais ils ont acquis une confortable avance dans ce qui va devenir le nouvel eldorado de l'automobile, les batteries. En développant leur propre expérience industrielle issue de la production de piles de plus en plus performantes pour équiper des milliards de gadgets électroniques ou de téléphones mobiles.

« *Jusqu'à hier*, nous confie Marc Mortureux, directeur général de la Plateforme automobile, *nous avions avec les moteurs thermiques une barrière technologique qui protégeait l'accès à notre marché. Avec le choix du tout-électrique, la Commission européenne a pris le risque de faire sauter cette barrière.* » En réalité, le thermique formait une double barrière. La première, industrielle et financière. Il aurait fallu des centaines de milliards de dollars d'investissement aux constructeurs chinois pour prétendre s'aligner sur la qualité de motorisation de l'automobile occidentale. Investissement considéré comme inutile dans les cercles du pouvoir chinois, favorables à une politique active de soutien à la création d'une filière automobile à énergie nouvelle. L'objectif : acquérir une avance technologique internationale tout en améliorant les performances environnementales du pays. Bien vu.

La seconde barrière est plus prosaïque mais essentielle pour l'Europe : la sécurité des véhicules. Sans qu'on ne le sache vraiment, assurer d'excellents résultats aux crash-tests tout en intégrant d'encombrants moteurs thermiques relève de la prouesse technologie. Les moteurs électriques, de taille beaucoup plus réduite, permettent une flexibilité de construction qui rend beaucoup plus aisé le respect des normes de sécurité européennes. *De facto*, les automobiles chinoises classées hier au rang peu enviable de cercueils roulants, alignent aujourd'hui des notes plus qu'honorables aux crash-tests Euro NCAP. Et elles se comportent sur les routes avec la même agilité et la même assurance que leurs grandes sœurs européennes. C'en est fini de ce talon d'Achille.

La double barrière désormais levée, il ne reste plus aux Chinois qu'à se baisser pour ramasser les fruits de leur opiniâtreté. Car l'intérêt chinois pour le marché européen ne date pas d'hier et s'est matérialisé, par exemple, par le rachat de marques en perte de vitesse. Acquise à bas prix en 2010 par le géant chinois Geely, la marque Volvo, dont la gamme est restée longtemps vieillotte et inoffensive, lui doit sa survie. Plus que sa survie : après 11 milliards d'euros d'investissements consentis par l'actionnaire chinois, l'ex-Suédoise bat des records de ventes et dispute le marché du haut de gamme aux BMW, Audi et autres Mercedes. Le nouveau Volvo s'est même invité à la Bourse de Stockholm.

Le Chinois Geely s'est aussi illustré en 2018 par un autre coup d'éclat européen : l'entrée dans le capital d'une citadelle automobile allemande, Daimler, pour en devenir carrément le premier actionnaire avec un peu plus de 9 % du capital. Avant de se faire coiffer au poteau par un autre constructeur chinois, BAIC, groupe public directement aux ordres de Pékin... Aujourd'hui, le fabricant des Mercedes-Benz est détenu à 20 % par des capitaux chinois. Avec un poids déterminant sur les choix stratégiques. Comme celui de délocaliser en Chine la production de la Smart, fabriquée depuis 1998 dans le berceau historique de Hambach, en Moselle.

Autre succès, dû cette fois à SAIC, premier conglomérat automobile chinois, la renaissance de MG, la célèbre marque britannique de cabriolets sportifs née en 1924 à Oxford. Avec ses SUV 100 % électriques désormais exclusivement fabriqués en Chine, la marque redécolle en Europe, avec plus de 200 points de vente en ligne de mire et des dizaines de demandes de représentations par des distributeurs.

Bien sûr, l'industrie chinoise n'a pas rencontré que des succès sur le Vieux Continent. Dongfeng Motor qui s'était invité en 2014 au capital de PSA, directement au niveau de la famille Peugeot, actionnaires historiques du groupe, a finalement plié bagage avec la naissance de Stellantis. Les relances tentées par des actionnaires chinois du Suédois Saab ou du britannique Rover ont tourné à l'échec. Les intrusions chinoises dans le capital d'industriels français de l'automobile n'ont pas toujours été une réussite : le groupe Jinjiang, repreneur en 2017 de l'équipementier métallurgique aveyronnais SAM, a finalement jeté l'éponge... Ce ne sont là que des incidents de parcours mineurs, à l'échelle de l'empire du Milieu.

La grande bataille pour la conquête de l'Europe ne fait que commencer

La grande bataille pour la prise de contrôle de solides parts du gâteau du marché automobile européen ne fait que commencer. Elle se déroule sur plusieurs terrains. Celui, d'abord, de l'offensive commerciale. On verra les marques chinoises s'afficher en beauté au Mondial de l'Auto à Paris en octobre 2022. Le salon du renouveau - il ne s'est pas tenu depuis 2018 ! - est presque exclusivement consacré au virage électrique. Les constructeurs traditionnels y feront encore bonne figure, mais l'événement, ce sera l'apparition de marques totalement inconnues en France. Sur la centaine de véhicules que le grand public pourra essayer, quarante modèles jamais vus sur nos routes, presque un sur deux était déjà réservé au mois de mai. Pour la plupart chinois. Ces derniers ne manqueront pas de faire valoir deux arguments massifs : des prix imbattables et des durées de garantie inédites. Un exemple : la confortable et puissante MG EHS, un SUV hybride qui peut se comparer, voire dépasser en termes d'équipements de série, une Citroën C5

Aircross hybride se vend au prix catalogue un peu plus de 33 000 euros, soit 7 000 euros de moins que sa concurrente française. Ce différentiel de prix - souvent entre 15 % et 20 % de rabais par rapport aux prix européens - se vérifie sur la plupart des modèles chinois mis en vente. Une démarche commerciale bien pensée, quand on sait que le prix reste le principal obstacle à l'achat d'un modèle électrifié.

Le second obstacle à franchir pour les marques chinoises était celui de la réputation. C'est donc très logiquement sur les conditions de garantie que les Chinois frappent fort. Histoire de marquer les esprits sur la qualité des automobiles proposées. La plupart de ces véhicules sont garantis 4 ou 5 ans - la marque MG offre même une garantie de 7 ans ! - avec des kilométrages de plus de 150 000 kilomètres et des batteries garanties au moins 8 ans... Imbattable. En France, les modèles électriques offrent des garanties à peu près aussi longues sur les batteries - et pour cause, elles sont chinoises -, en revanche, les véhicules se contentent en général de la garantie légale de 2 ans. Comme en leur temps les constructeurs japonais ou coréens, Toyota ou Kia par exemple, dont la réputation de fiabilité est désormais largement établie, les Chinois ont bien compris que leur succès devait d'abord s'appuyer sur la confiance et la qualité.

Les moyens illimités de l'agressivité commerciale

Le problème, c'est que les marques chinoises ont largement les moyens de leur agressivité commerciale. D'abord parce qu'elles ne s'appuient pas sur des circuits de distribution lourds, les fameuses cathédrales des concessionnaires pointées du doigt par Carlos Tavares. Le *business model* veut que tout se passe, ou presque, en ligne. Les clients peuvent aussi essayer la voiture chinoise de leur rêve auprès de prestataires indépendants multimarques, répartis sur le territoire. Ce sont eux qui se chargeront par la suite des livraisons. Fini, donc, les points de vente coûteux, les halls d'exposition, les commerciaux qui cherchent distraction sur Internet en attendant la visite d'un hypothétique client... La maintenance ? Outre le fait qu'elle est réduite à la portion congrue, là encore, on sous-traite. Elle est confiée à des réseaux de réparateurs qui trouvent ainsi une bonne façon de survivre à la rupture de l'électrique. La marque Aiways a par exemple passé des accords avec les réseaux Feu Vert et Go Mecano. D'autres constructeurs profitent des investissements de leur maison mère : Lynk & Co, qui débarque en France, profitera des infrastructures de Volvo. Il faut dire que les deux ont pour même propriétaire le Chinois Geely.

Il se trouve, par-dessus tout, que toutes ces marques ont un avantage compétitif redoutable : elles ont déjà fait leurs preuves sur leur marché d'origine, la Chine.

Avec un parc automobile de plus de 300 millions de véhicules et 26 millions d'automobiles commercialisées en 2021 (à peine 20 millions pour toute l'Union européenne), les marques chinoises ont largement eu le temps et l'occasion de préparer le terrain. Les coûts d'investissement des véhicules qu'elles proposent en Europe sont déjà largement amortis grâce à leur gigantesque marché domestique. Sans parler des coûts de production proprement dits : fabriquer une voiture en Chine revient entre 30 % et 40 % moins cher que dans les usines européennes.

C'est d'ailleurs sur ce terrain industriel que se joue la deuxième manche de l'offensive chinoise en Europe. Non seulement la Chine importe ses véhicules sur le Vieux Continent, mais elle permet aussi aux marques européennes de construire à moindre coût en Chine des véhicules... destinés au marché européen. En attestent les derniers chiffres des importations en Europe d'automobiles fabriquées en Chine : en 2021, ils ont bondi de 235 %, pour atteindre près de 6 milliards d'euros. Pour l'essentiel, il s'agit de véhicules européens. La Smart Fortwo, que nous avons déjà évoquée, est loin d'être la seule. Logiquement, Geely, qui détient Volvo, produit ses SUV suédois de luxe sur son terrain chinois de prédilection.

Chez les constructeurs français, Stellantis est devenu un grand habitué des usines chinoises. La nouvelle Citroën C5 X, censée faire le bonheur des chaînes d'assemblage de l'usine historique de Rennes-La Janais, sera finalement montée par des ouvriers chinois. Même sort pour la DS9, le haut de gamme de la marque, qui sera fabriquée à Shenzhen, la capitale technologique chinoise située à quelques kilomètres de Hong Kong. Chez Renault, on a inauguré le « *made in* China » avec la Dacia Spring, la première 100 % électrique du *low cost* roumain de Renault, intégralement produite par le chinois Dongfeng. Des marques comme BMW et sa iX3 à Shenyang ou Tesla et sa Model 3 à Shanghai ont également franchi le pas. Et là, pas d'obligations d'inscrire un quelconque « *made in* China » dévalorisant sur la carrosserie.

1 voiture électrique sur 2 dans le monde est chinoise

S'il est un domaine où la Chine est toujours restée la première usine du monde, c'est donc bien celui de l'automobile : 1 véhicule sur 3 produit sur la planète est chinois. Cette proportion, déjà impressionnante, en cache une autre, plus sidérante encore : 45 % des véhicules électriques produits dans le monde le sont en Chine, selon les chiffres du cabinet spécialisé JATO Dynamics. Près d'1 voiture électrique sur 2 est donc chinoise, et pour l'essentiel destinée au marché chinois. Il devrait d'ailleurs se vendre en 2022, selon les prévisions officielles du pays, quelque 5,5 millions de voitures propres en Chine, hybrides ou électriques, ce qui représente plus de 20 % du marché.

C'est sur le terrain de cette expérience électrique que la Chine affûte son arme la plus redoutable pour sa campagne de guerre en Europe : la maîtrise de la batterie. Que disait Luc Chatel, à l'intention du président de la République, en juillet 2021, après l'annonce du diktat européen sur l'électrique ? « *Les autorités européennes tirent un trait sur cent ans d'innovation technologique, un secteur dans lequel l'Europe avait un réel avantage compétitif et concurrentiel au niveau mondial. On repart à zéro en décidant de miser sur une technologie pour laquelle nous ne sommes pas particulièrement en avance et sur laquelle nos concurrents, chinois notamment, qui ne savaient pas encore fabriquer de voitures il y a vingt ans, possèdent une dizaine d'années d'avance sur nous. C'est cela la réalité.* » Les chiffres valident ces propos du président de la Plateforme automobile.

L'empire du Milieu est, de loin, le premier producteur au monde de batteries, à des encablures de ses concurrents coréens ou japonais. Au demeurant, les 10 premiers fabricants mondiaux qui détiennent 80 % du marché ont leurs sièges dans des pays asiatiques. Mais celui qui se taille la part du lion, le géant des géants, s'appelle CATL. Il est chinois et détient à lui seul 32 % du marché mondial. Un monstre largement inconnu dans nos contrées, qui a pourtant produit plus de milliardaires en dollars chez ses dirigeants que Google ou Facebook... En ajoutant les chiffres de son « petit » concurrent et néanmoins compatriote BYD, qui fournit quand même 7 % du marché mondial, la Chine maîtrise avec seulement deux entreprises 40 % de la production de batteries dans le monde et assure une production quasiment hégémonique en Europe.

De quoi faire peur, quand on sait que la pile constitue le cœur d'un véhicule électrique et pèse entre 40 % et 50 % de sa valeur ajoutée, selon les modèles. En somme, l'Europe, en choisissant le tout-électrique, a ouvert un boulevard à deux entreprises chinoises, sans compter leurs concurrents coréens ou japonais. Pire encore, les technocrates européens, manifestement très éloignés de la réalité économique, ont offert à l'Asie, et plus particulièrement à la Chine, entre 40 % et 50 % de la valeur de l'automobile européenne. Sans réagir ? Non, la Commission européenne a bien validé, fin 2019, un plan d'investissement dans les fameuses *gigafactories*, ces usines géantes censées nous aider à bâtir ce qu'on se plaît à appeler, dans les couloirs de la Commission et des ministères, l'Airbus des batteries électriques. Un Airbus à 3,2 milliards d'euros d'investissement, en réalité une paille à l'échelle européenne. Pour information, le chinois CATL ambitionne de lever à lui seul 9 milliards de dollars pour financer ses propres investissements dans de nouvelles usines... dont certaines en Europe ! Car ce n'est pas le moindre de nos paradoxes : l'avenir de la batterie européenne se fera main dans la main avec les constructeurs... asiatiques.

28 juin 2021. Ce jour-là, Emmanuel Macron inaugure sur les terres de Xavier Bertrand dans les Hauts-de-France, en grande pompe médiatique, ce que l'Élysée qualifie d'investissement *« absolument majeur en France »* : l'implantation d'une future usine de batteries

à Douai, sur le site révolutionnaire d'ElectriCity de Renault. Problème : l'opérateur principal de cette usine aux côtés de Renault n'est autre qu'Envision, un groupe énergétique chinois, qui investira à Douai via sa filiale japonaise de batteries AESC. Comme relocalisation, on fait mieux. Pourquoi ce choix ? La firme française préfère unifier ses sources d'approvisionnement en batteries avec son allié Nissan. Il se trouve qu'Envision est la firme qui a racheté à Nissan ses propres activités de batteries en 2018. Logique. Mais pas forcément stratégique, du moins au plan européen.

Renault aurait pu faire le choix, plus politique, de rejoindre un projet bien européen, ACC, la co-entreprise de batteries née d'un mariage entre TotalEnergies, avec sa filiale SAFT, et Stellantis. Un projet partie prenante du fameux Airbus des batteries, censé entrer en production en France dès 2023, plus tard en Allemagne. Mais un projet balbutiant. Entre le pragmatisme industriel et la mise en œuvre d'une stratégie européenne à long terme, Renault a fait son choix.

L'Airbus de la batterie a du mal à prendre son envol

Certes, les autres projets européens ne manquent pas. Le Suédois Northvolt a l'ambition de construire à Skelleftea, petite ville suédoise, une usine capable d'équiper 800 000 voitures et de rivaliser avec celle de Tesla à Reno, dans le Nevada, en l'occurrence la première usine de batteries au monde. L'Allemagne se prépare bien à jouer un rôle de plaque tournante de la batterie automobile en Europe, mais en offrant une très large part de ce marché aux... Asiatiques. Chez qui vont se fournir principalement Daimler, Volkswagen ou BMW ? Chez CATL, le géant chinois, qui a investi massivement à Erfurt, la capitale de la Thuringe, pile au centre de l'Allemagne. Dans le même temps, le deuxième géant asiatique de la batterie, le Coréen LG Chem, s'installe à grands frais en Pologne. Deux autres Coréens, Samsung et SK Innovation, agrandissent leurs usines respectives en Hongrie... Rien ne semble pouvoir arrêter la déferlante asiatique, souvent d'ailleurs avec l'appui des pays hôtes. Un comble, alors que l'Airbus des batteries à bien du mal à prendre son envol. Dans les couloirs de Bercy, on répète à qui veut l'entendre que *« l'oligopole asiatique de production de batteries est un problème »*. Certes. Mais pour le moment, il ne semble pas qu'on ait trouvé la solution. Et ce n'est certainement pas l'oukase européen du tout-électrique qui nous y aidera.

13

Le redoutable bilan moral et écologique de la « watture »

De Paris à New York, de Shanghai à San Francisco, de Londres à Pékin, en passant bien sûr par Los Angeles, les nantis de la transition écologique ne se lassent pas de déployer, devant les voituriers esbaudis des restaurants branchés qu'ils fréquentent, la gracieuse ouverture des portières « papillon » de leur Tesla Model X. « Faucon », préfèrent l'appeler les aficionados de la marque, un nom plus flatteur pour ces chevaliers de l'écologie, propriétaires d'un modèle dont le prix catalogue démarre à 90 000 euros pour atteindre facilement le double dans le haut de la gamme.

À des milliers de kilomètres de là, au cœur du Katanga, l'écrin minier de la République démocratique du Congo, 40 000 enfants sont exploités, dans des conditions indignes, pour creuser à main nue, transporter à même le dos, pour parfois 1 dollar par jour, des milliers de tonnes de cobalt, devenu « l'or bleu » (on l'appelle ainsi pour sa belle couleur utilisée autrefois comme pigment), indispensable à la fabrication des batteries. Quarante mille gamins, selon les nombreuses ONG qui s'élèvent régulièrement contre cette exploitation massive et quasi esclavagiste, et leurs parents, 200 000 « creuseurs » adultes qui, chaque jour, dans les mêmes conditions peu enviables, creusent au sein de mines vétustes. Régulièrement, on y déplore des dizaines de morts sous les écroulements de galeries à peine entretenues.

J'entends déjà la critique. Cliché ! Raccourci hasardeux ! Bonjour la corde sensible ! Comme si les ayatollahs de la transition énergétique devaient être les seuls à s'arroger le droit de montrer du doigt, de fustiger, de punir même, les présumés coupables de la fin du monde industriel. C'est pourtant une des faces cachées du redoutable bilan écologique de la voiture électrique.

Sans cobalt, métal rare utilisé dans les superalliages métalliques résistants à des températures extrêmes, pas de batteries lithium-ion. Et sans Congo, pas, ou presque pas, de cobalt. Car c'est à l'extrême richesse minière - pas à celle de ses habitants, dont le revenu est le quatrième le plus faible au monde... - de cet immense pays au centre de l'Afrique subsaharienne que l'on doit l'essentiel du cobalt utilisé à l'échelle planétaire. Sur les 160 000 tonnes annuelles d'« or bleu » produites dans le monde, près de 120 000 tonnes proviennent du Congo. Le deuxième producteur, l'Australie, plafonne péniblement à 5 600 tonnes. Des réserves congolaises largement exploitées dans de gigantesques mines modernes détenues par des avoirs étrangers, qui côtoient donc une kyrielle de petites mines locales, pudiquement qualifiées d'artisanales, pour ne pas dire vétustes et totalement insécures. Certes, la Russie, le Canada, la Chine, le Maroc, l'Afrique du Sud, voire la France en Nouvelle-Calédonie ou en Guyane française, tentent de développer l'exploitation du métal roi des batteries. Mais à coups de quelques milliers de tonnes au mieux. Aujourd'hui, le bilan pour l'Europe est catastrophique. L'Union est aussi dépendante du cobalt qu'elle l'est du pétrole. Elle importe plus de 85 % de ses besoins, dont 70 % du seul Congo.

Comment la Chine a fait main basse sur le cobalt

Mieux encore, revoilà nos amis chinois. Décidément clairvoyant, l'empire du Milieu a massivement investi depuis des années dans les exploitations minières africaines. Il en tire aujourd'hui les bénéfices, et quels bénéfices : le raffinage du cobalt est assuré à 80 % par des intérêts chinois. À défaut de maîtriser tout le minerai – quelques exploitations ont réussi à échapper à leur voracité –, la Chine aspire la quasi-totalité du raffinage du précieux métal au Congo, ce qui lui assure *de facto* le contrôle du marché mondial et de ses prix. Avec de belles perspectives. Le cobalt est encore, et pour très longtemps, indispensable aux batteries lithium-ion. Et pas seulement celles des batteries des voitures électriques. Il faut y ajouter le gigantesque marché des téléphones portables – il se vend chaque année plus de 1,5 milliard de mobiles dans le monde ! – et celui de centaines de millions d'ordinateurs et autres objets rechargeables. Or, il se trouve que pour la première fois en 2021, la consommation de ce minerai par l'industrie automobile a dépassé celle des ordinateurs et des téléphones portables. Pire encore, il a fallu puiser dans les stocks : on a utilisé plus d'or bleu que les mines n'en produisent, 175 000 tonnes contre 160 000 tonnes.

En clair, la pénurie guette, les prix flambent et les Chinois se frottent les mains. Une note récente du cabinet McKinsey estime ainsi que la demande de cobalt devrait atteindre 220 000 tonnes par an en 2030. Les analystes d'une banque suisse, UBS, estiment même que dans un monde de l'automobile 100 % électrique, il faudrait augmenter la production de cobalt de 1928 %, de 2898 % pour le lithium et de 655 % pour les terres rares. Autant de matières premières où, là encore, la Chine bat des records : selon les calculs de l'IFRI (Institut français des relations internationales), l'empire du Milieu produit au moins 80 % des terres rares, un groupe de 17 métaux particulièrement utilisés dans les nouvelles technologies. Au point qu'en la matière, selon l'IFRI, *« l'ascension de la Chine constitue la donnée majeure du XXIe siècle et qu'elle joue un rôle important en stimulant la demande, en maîtrisant les filières et en façonnant le marché de la plupart de ces métaux »*.

Ces matières premières sont la plupart du temps extraites de mines qui, au-delà des conditions dantesques évoquées pour le Congo, n'ont pas la réputation de ménager les sols.

L'exploitation du lithium assèche les sols

Quant au lithium devenu, lui, l'« or blanc » des batteries, il est très largement exploité en Amérique latine, avec une fâcheuse et justifiée réputation. Celle d'assécher les sols. C'est le cas pour le « Triangle de l'or blanc », cette zone qui regroupe en Argentine, en Bolivie et au Chili quelque 50 % des ressources mondiales en lithium. Car le lithium s'extrait par évaporation de l'eau où il est contenu. Cette fois, ce sont des zones arides, où la sécheresse est déjà problématique, qui sont concernées : 430 milliards de litres d'eau ont déjà été perdus sur le seul plateau du désert d'Atacama, au Chili. Selon les conditions géographiques d'extraction, extraire 1 tonne de lithium peut nécessiter la consommation de près de 2 millions de litres d'eau... Un gouffre écologique.

Sans compter l'eau utilisée par la suite dans la fabrication des puces électroniques que l'on retrouve massivement dans les batteries - le processus de fabrication exige un lavage régulier des plaquettes des puces en question, pour en préserver la pureté. Au point qu'à Taïwan, où se concentrent 70 % de la production mondiale de puces destinées aux voitures électriques - encore une exclusivité asiatique ! -, on en est à importer de l'eau pour assurer les besoins du pays ! La Taïwan Semiconductor Manufacturing Company (TSMC), leader mondial du secteur, utilise ainsi 156 000 tonnes d'eau par jour pour maintenir à tout prix son rang. Résultat, selon un rapport du Congrès américain, au cours de leur vie, les voitures électriques consomment 56 % d'eau de plus que les voitures thermiques.

Voilà donc certains des avatars écologiques, et sociaux (!), des batteries rarement évoqués. Et pour cause, les conducteurs des voitures électriques peuvent avoir la conscience écologique tranquille : tout cela se passe si loin de nos terres...

Une voiture électrique doit rouler cinq ans en France avant de rattraper le bilan carbone d'une thermique

Mais il n'y a pas que ces aspects à prendre en compte. Les chiffres, incontestables puisque relevés par les principales agences de l'environnement, démontrent que la production d'une voiture électrique est considérablement plus émettrice de gaz à effet de serre que celle d'une voiture thermique. Selon les calculs de l'ADEME (Agence de l'environnement et de la maîtrise de l'énergie), il faut développer une énergie d'environ 70 000 mégajoules (MJ) pour fabriquer un véhicule essence ou diesel, contre 120 000 mégajoules pour une électrique. Presque 50 % d'énergie en plus. La différence ? À nouveau la batterie. Depuis les puits des mines jusqu'à la pile finie, la consommation d'énergies fossiles pour assurer sa production est en effet considérable. On parle, là, des matériels d'extraction des minéraux, des engins, des camions, du raffinage des matières premières, du transport des batteries... une chaîne qui aggrave largement le bilan carbone de la production d'une pile. Surtout en Chine, où le charbon est roi.

On considère ainsi qu'une voiture électrique doit parcourir au moins 40 000 kilomètres en moyenne avant d'atteindre le bilan carbone de la construction d'un véhicule à essence ou diesel. Et encore, ce calcul est établi sur le principe que cette « watture » va circuler grâce à une électricité produite sans génération de CO_2. Un seul pays de l'Union arrive, presque, à ce niveau zéro d'émission : la Norvège. Le pays le plus en pointe sur la mobilité électrique en Europe l'est aussi en termes de production d'électricité, assurée à plus de 95 % par des énergies renouvelables, essentiellement grâce à ses centrales hydro-électriques. Riche en chutes d'eau, en rivières et en lacs glaciaires, ce territoire est devenu le premier producteur en Europe d'électricité hydroélectrique, et le sixième au monde. Ce qui lui autorise une consommation d'électricité sept fois plus élevée que la moyenne mondiale.

En revanche, le bilan est beaucoup moins flatteur en Allemagne où une voiture électrique doit parcourir 160 000 km avant d'atteindre la vertu en émission carbone d'un véhicule thermique : en cause, l'usage massif outre-Rhin d'énergies fossiles, entre le gaz, le fuel et le charbon, pour produire son électricité. Le bilan est encore moins flatteur pour la Pologne. Il l'est nettement plus en revanche pour la France, grâce à nos ressources nucléaires, pourtant régulièrement décriées par les associations écologistes. Sur notre territoire, un véhicule électrique ne doit ainsi parcourir « que » 70 000 km avant d'atteindre le bilan carbone d'un diesel, ou d'une voiture à essence. Sachant que les Français parcourent en moyenne 13 000 km par an, il leur faut donc rouler plus de 5 ans, à bord de leur véhicule électrique, avant d'atteindre le bilan carbone de leur ancienne automobile thermique... Voilà qui écorne sérieusement le bilan écologique tant vanté par les promoteurs de la « watture ».

Le casse-tête des 700 000 tonnes de batteries à recycler en 2035

Reste un dernier sujet, la bombe à retardement du recyclage des batteries. Certes, le sujet s'inscrit dans le futur, mais un futur proche. La montée en puissance imposée du marché de l'électrique est telle que les experts estiment à 700 000 tonnes de batteries, plus de 2 millions d'unités, à recycler en 2035. Et on ne parle que des véhicules ayant déjà au moins 10 ou 15 ans, temps de vie d'une batterie. Un chiffre établi sur la base des générations d'automobiles produites entre 2020 et 2025... On imagine la croissance exponentielle du marché du recyclage, et du risque qu'il représente. Car recycler une batterie de 300 kilos n'a rien d'une sinécure. Le cycle commence par le transport, simple si tout va bien, beaucoup plus complexe si le véhicule a été victime d'un grave accident : faire voyager une batterie dans une sorte de sarcophage équipé de capteurs et d'un système anti-incendie automatique ne sera pas à la portée du premier garagiste venu... Commence ensuite une série d'opérations particulièrement complexes : se débarrasser du plastique, puis des solvants que contient la pile, isoler ensuite les composants de la cellule de la batterie, cobalt, cuivre, nickel, manganèse, aluminium, lithium... autant d'éléments qui, s'ils ne sont pas manipulés par des systèmes experts, sont autant de matériaux à haut risque pour l'environnement.

Trier, démonter, broyer, faire fondre les alliages, purifier les liquides à risques... L'activité de recyclage va, à n'en pas douter, devenir une industrie à part entière, particulièrement énergivore - on s'est d'ailleurs bien gardé d'en calculer l'impact carbone sur la vie d'une voiture électrique... Jusqu'à présent, c'est le scénario du tout-va-bien que nous présente l'Union européenne, qui investit massivement dans les usines de tri, ou les acteurs privés, tels qu'Orano (ex-Areva) ou Véolia en France, Northvolt en Suède et l'incontournable Chinois CATL qui investit massivement dans une usine ultramoderne outre-Rhin. L'objectif, imposé par l'Union ? Un recyclage poussé à plus de 70 % des matériaux les plus complexes des batteries. Mais les opérateurs s'inquiètent. Qui va payer ? La rentabilité du recyclage n'est pas assurée. Elle l'est d'autant moins que les projets semblent encore sous-dimensionnés par rapport à l'explosion à venir du nombre de batteries à recycler, et que de lourds investissements seront encore nécessaires. Que faire, enfin, des 30 % de déchets qui ne seront pas recyclés, dont certains à haut risque ? En détruire une partie, les brûler avant d'enfouir le reste, comme le disent pudiquement les opérateurs.

« Enfouir le reste », cela ne vous rappelle rien ? Comme pour la question hautement sensible des déchets nucléaires, voilà qui promet de beaux débats dans quelques années.

14

Du charbon pour faire le plein des batteries ?

À quoi allez-vous faire votre plein électrique en 2035 ? Au nucléaire ? Au gaz ? Au charbon ? À l'éolienne, au panneau solaire ou au pied de votre barrage hydroélectrique ? Et êtes-vous sûrs de pouvoir faire votre plein ? Ces questions paraissent saugrenues aujourd'hui, elles le seront beaucoup moins à cette échéance, quand 15 millions de véhicules électriques se croiseront sur les routes de France. Aujourd'hui, l'électricité coule à flots, ou presque. Il suffit de brancher son véhicule sur la prise de son garage, quand on a la chance de disposer d'un tel local, et la recharge se fait toute seule. Lentement, laborieusement pour atteindre la jauge maximale, mais sûrement. Notre parc nucléaire y est pour beaucoup. En sera-t-il de même dans une dizaine d'années ? Y aura-t-il d'éventuelles difficultés d'approvisionnement ? Disposerons-nous de la « bonne » qualité de courant, c'est-à-dire plus décarboné qu'aujourd'hui ? Sur ces deux sujets, rien n'est moins sûr.

La réponse au premier est oui, sans problème, si l'on en croit les prévisions officielles, établies par RTE, le gestionnaire du réseau public, dont on rappelle qu'il s'agit d'une administration de l'État. À y regarder d'un peu plus près, le « oui, sans problème » est assorti de quelques « mais ».

15 millions de véhicules électriques à recharger en 2035

Une personne seule en France consomme en moyenne annuellement 2 200 kWh d'électricité, autant qu'une voiture électrique moyenne. La consommation d'un Français est donc égale à celle d'une automobile 100 % électrique, la proportion est simple à comprendre. Pourtant, si on en croit les chiffres de RTE, la consommation électrique d'un parc de 15 millions de véhicules, ce qui reviendrait donc à augmenter la population de 15 millions de personnes d'un seul coup, n'ajouterait rien, ou presque rien, à la consommation globale de la France en 2035. À peine 7 % de la consommation annuelle du pays. C'est là qu'intervient une série de « mais » dans les calculs de RTE. Si l'organisme table sur une consommation quasi stable en 2035 par rapport à celle d'aujourd'hui, malgré l'arrivée sur nos routes de plus de 15 millions de véhicules électriques, c'est parce que notre pays sera entré d'ici là dans une ère résolument vertueuse. Celle de la sobriété et de l'efficacité énergétique. En 2035, nos bâtiments seront moins énergivores, grâce aux milliards d'euros engloutis dans la rénovation thermique. Nos chauffages électriques façon grille-pain auront depuis longtemps été remplacés par de sobres pompes à chaleur. Nos appareils électroménagers seront enfin entrés dans l'ère de la basse consommation. En somme, la voracité de nos véhicules électriques sera largement compensée par la frugalité de nos autres dépenses énergétiques.

Difficile de trancher sur la validité de ces calculs. Remarquons tout de même qu'ils ne reposent que sur un pari. Pourvu qu'il soit gagné. On rappellera cependant que la France se fait régulièrement tancer par l'Agence internationale de l'énergie (AIE), notamment dans son dernier rapport de novembre 2021, pour son retard dans les objectifs de neutralité carbone en 2050 qui lui sont assignés, y compris pour ce qui concerne son efficacité énergétique. En l'occurrence, tous les progrès sur lesquels compte RTE pour établir ses prévisions.

En revanche, il y a un sujet sur lequel le gestionnaire du réseau alerte déjà pour 2035, ce sont les fameux pics de consommation. Ceux du soir en hiver, au moment où les Français ont la fâcheuse habitude de mettre en marche leur chauffage, d'allumer plaques de cuisson, fours et autres lampes en rentrant du travail. Pourvu qu'ils n'aient pas l'idée saugrenue, au même moment, de brancher la recharge de leur voiture… Car là, pour le coup, pas sûr que la puissance du réseau suffise aux besoins. Même problème pour les jours de départs en vacances, s'il venait aux futurs vacanciers la curieuse intention de faire le plein avant le départ. Soyez gentils : partez avec votre batterie à demi-charge. Vous n'aurez aucun souci, comme nous l'avons vu dans nos précédents chapitres, pour faire l'appoint en cours de route aux bornes de recharge. Promis, elles ne seront pas prises d'assaut...

On est quand même étonné d'entendre le gestionnaire du réseau aussi confiant pour 2035, alors même qu'il appelle les Français à la plus extrême sobriété énergétique, à grand renfort de communiqués de presse, aux premiers frimas et avant chaque départ en vacances, afin de pallier les limites actuelles de notre réseau.

La production du parc nucléaire revenue 35 ans en arrière !

Peut-être, par le plus grand des miracles, notre réseau aura-t-il prodigieusement gagné en puissance d'ici là. Là encore, on peut en douter. Pour plusieurs raisons. La première, la plus inquiétante parce qu'elle est structurelle, c'est l'affaiblissement de notre parc nucléaire. Au pic de leur production en 2005, les centrales françaises produisaient près de 80 % de l'électricité du pays. En 2021, ce taux est tombé à 69 %, le niveau le plus faible depuis le milieu des années 1980. À la mi-mai 2022, 29 réacteurs sur les 56 que compte le parc français étaient à l'arrêt. Soit pour maintenance, soit en raison des graves problèmes de corrosion que rencontrent certains d'entre eux. Plus de la moitié du parc nucléaire à l'arrêt, c'est du jamais-vu !

Récapitulons. Le programme de maintenance, ralenti pour cause de Covid en 2020, doit être accéléré. Tous les dix ans, EDF est tenu d'effectuer une révision générale de l'état des installations. Or, il faut savoir qu'une révision décennale n'est pas qu'une simple formalité. Aux opérations d'entretien classiques s'ajoutent des mises à niveau des réacteurs, surtout en matière de sécurité. Ceux-ci sont en effet censés pouvoir répondre à de nouveaux risques, qui n'avaient pas cours pour les plus vieux d'entre eux, il y a quarante ans : les risques de séismes, de submersion, ceux liés au changement climatique, la sécheresse ou le réchauffement qui peuvent modifier considérablement les processus de refroidissement des réacteurs. À titre d'exemple, la maintenance démarrée fin juillet 2021 d'un des réacteurs de la centrale du Bugey, dans l'Ain, n'était toujours pas achevée en mai 2022... Et à chaque opération de maintenance, ce sont des milliers de personnes qui sont mobilisées. On est loin de la partie de plaisir. Dans la décennie 2020-2030, quelque 32 réacteurs vont ainsi devoir passer sous les fourches caudines de ces examens approfondis. Avec, à la clé, de possibles déconvenues. Si ces chantiers colossaux, le grand carénage des centrales, sont programmés à l'avance, ils peuvent révéler quelques fâcheuses surprises, obligeant à des opérations de maintenance plus longues et plus lourdes que prévu.

EDF, le colosse aux pieds d'argile

Voilà pour l'ordinaire, que doit déjà gérer, non sans difficultés, le colosse EDF. Vient ensuite l'extraordinaire.

En l'occurrence, les graves problèmes de corrosion survenus dans plusieurs centrales, qui s'ajoutent à l'affaiblissement du parc. Depuis la découverte, à l'automne 2021, de problèmes de fissures dans certaines soudures affectant des réacteurs des centrales de Civaux et de Chooz, EDF a dû lancer une campagne d'une ampleur inédite pour vérifier les autres centrales susceptibles d'être concernées, en l'occurrence une large proportion de réacteurs, les vieux comme les plus récents. C'est ainsi qu'une douzaine d'unités ont été mises en pause, le temps d'effectuer l'analyse des éventuels dégâts et les réparations qui s'imposent. La situation risque fort de s'éterniser, même si chez l'électricien, on se veut rassurant. L'exploitant a « *acquis la conviction que le défaut de corrosion identifié est un phénomène à propagation lente et de profondeur limitée* ». Pas sûr que l'explication suffise à l'Autorité de sûreté nucléaire (ASN) qui, par ailleurs, émet de plus en plus de conditions restrictives à l'allongement de dix ans de la durée de vie des centrales les plus anciennes, les quarantenaires. Pas de quoi vraiment rassurer, d'autant que les réparations évoquées pourraient s'étaler sur plusieurs années. Un signe ne trompe pas, EDF n'a pas cessé, entre fin 2021 et début 2022, d'annoncer une baisse globale de ses prévisions de production, y compris pour 2023...

La production du parc nucléaire ne va pas cesser de reculer, alors que dans le même temps, celle des voitures électriques ne cesse d'avancer. Le retour en grâce de l'atome, annoncé à grand renfort de communication par Emmanuel Macron en novembre 2021, puis confirmé à deux mois de l'élection présidentielle, suffira-t-il à compenser ces faiblesses ? Certainement pas avant le diktat du tout-électrique en 2035 imposé par Bruxelles. Pour une bonne et simple raison : le nouveau parc nucléaire ne sera pas prêt en temps et en heure. L'ambitieux plan de relance de l'atome prévoit bien la construction de 6 nouveaux réacteurs EPR de nouvelle génération et la mise en étude de 8 autres. Mais la mise en chantier ne devrait démarrer au mieux qu'en 2028, avec, selon le président, *« une mise en service du premier réacteur à l'horizon 2035 »*. Une notion d'horizon à prendre avec des pincettes. Les plus de dix ans de retard de la mise en service de l'EPR de Flamanville (prévue initialement en 2012 et reportée, au mieux, en 2023) incitent à la plus extrême prudence. Sans compter la question, tout sauf anecdotique, du financement de ce projet colossal : il faudra trouver, au bas mot, 52 milliards d'euros selon les estimations du ministre de l'Économie Bruno Le Maire pour les 6 EPR, sans compter les dépenses supplémentaires des 8 autres EPR2 et les inévitables surcoûts. Là encore, la fâcheuse expérience de Flamanville – 19 milliards d'euros de facture finale estimée par la Cour des Comptes contre 3,3 milliards prévus initialement – font douter des montants annoncés aujourd'hui.

Reste une dernière interrogation, et non des moindres : les pieds d'argile du colosse EDF. Sur le plan financier, le groupe énergétique est confronté à un gigantesque mur de dettes de plus de 40 milliards d'euros. Le manque à gagner, entre la chute de production d'électricité et le coût des réacteurs à l'arrêt, est estimé à quelque 18 milliards d'euros en 2022. Le groupe public est aussi soumis aux dépenses somptuaires imposées par les boucliers tarifaires du gouvernement pour juguler la flambée de la facture d'électricité des Français. Résultat : plus de 10 milliards d'euros d'impact sur les comptes de l'électricien. L'année 2022 sera calamiteuse et laissera des traces profondes dans les comptes de la firme. Sur le plan industriel, EDF va devoir retrouver son savoir-faire perdu dans le nucléaire, là encore douloureusement illustré par les déboires de Flamanville. Ses ingénieurs payent au prix fort les années de disette du programme français. Et ce n'est pas parce que le gouvernement a décidé de renationaliser EDF que toutes ces interrogations seront levées. Loin s'en faut.

Pour le nucléaire, on attendra donc.

Le tortillard des énergies renouvelables

Afin d'accueillir à bras ouverts la folle montée en charge des voitures électriques, peut-être pourra-t-on compter sur le renforcement des énergies renouvelables ? Là encore, déception, le train vert n'est pas près d'arriver à l'heure. Un vrai tortillard. Dans le rapport évoqué plus haut sur le retard de la France dans les objectifs de neutralité carbone en 2050 qui lui sont assignés, les experts de l'AIE n'ont pas seulement fustigé les ratés de son efficacité énergétique. Ils pointent aussi l'extrême lenteur du développement des énergies renouvelables sur le territoire. En 2020, la part de ces dernières dans la consommation finale d'énergie n'était que de 19,1 %, niveau très en deçà des 23,4 % fixés par les directives européennes. Quant au taux de 33 % promis à l'horizon 2030, il est d'ores et déjà considéré comme inaccessible.

Comment expliquer ce retard ? Là encore, la France se distingue par les lourdeurs de son administration. Certes, la production éolienne et photovoltaïque a bien augmenté ces dix dernières années, mais beaucoup, beaucoup plus lentement que prévu. Comme le signale le rapport de l'AIE, de « *très longues procédures d'autorisation, qui entraînent des autorisations administratives lourdes* » ont entravé cette montée en puissance. L'AIE souligne par exemple les multiples obstacles que dressent les codes de l'urbanisme et du bâtiment à l'installation de panneaux solaires. Pour l'éolien terrestre, « *les procédures françaises d'autorisation sont très restrictives par rapport à d'autres pays* ». Les contraintes spatiales, liées aux périmètres imposés par les radars de l'armée ou de l'aviation civile, se multiplient. Les maires disposent désormais d'un droit de veto contre l'implantation des éoliennes sur leurs territoires.

À ces freins administratifs s'ajoutent les contradictions politiques. Y compris au plus haut niveau, quand le président de la République lui-même, qui a pourtant fait de la transition écologique l'un des engagements majeurs de son nouveau quinquennat, déclarait, à l'été 2021, vouloir « *renoncer* » aux projets éoliens lorsque ceux-ci « *dénaturent le paysage* ». Même son Monsieur patrimoine, Stéphane Bern, s'est lancé dans une croisade nationale contre l'implantation des éoliennes, en dénonçant dans une tribune pour le moins remarquée *« ce diktat éolien qui brasse du vent et ancre dans nos sols un véritable mensonge »*. Venant du journaliste chargé par Emmanuel Macron de la mission « Patrimoine en péril », la charge est lourde. Autre signe de la montée en puissance du mouvement anti-éolien, une région comme les Hauts-de-France en est venue à financer un regroupement d'associations « Stop éoliennes ». Il faut dire qu'avec un parc de près de 2 500 éoliennes, la région détient le record français de mâts installés. L'éolien terrestre n'est pas le seul en accusation : les parcs maritimes rencontrent les mêmes problèmes d'acceptabilité. Alors que l'Europe compte déjà quelque 116 parcs éoliens offshore, dont une large partie au Royaume-Uni, la France n'en compte aucun. Le premier, prévu à plus de 12 kilomètres des côtes au large de Saint-Nazaire, qui devrait permettre d'assurer 20 % de la production électrique de la région Loire-Atlantique, sortira de mer fin 2022. Si tout va bien.

Pour tenir ses engagements en matière de production électrique à partir d'équipements en énergie renouvelable, la France devrait implanter, dans la décennie qui vient, jusqu'à 28 000 mâts d'éoliennes supplémentaires et 150 000 hectares de panneaux photovoltaïques... Entre les lourdeurs administratives, la multiplication des litiges, la question de l'acceptabilité sociale d'installations qui sont de plus en plus visibles sur le territoire, autant dire que ces objectifs paraissent pour le moins ambitieux. Le tortillard n'a pas fini de se tortiller.

Le choc de l'invasion de l'Ukraine

À ces particularités françaises qui nous font douter de la capacité d'assurer une énergie propre aux futures cohortes d'automobiles électriques s'ajoute un événement qui rebat profondément les cartes du mix énergétique en Europe : le choc de la guerre russe en Ukraine. En quelques semaines, le continent européen s'est trouvé confronté à une série de défis majeurs : réduire sa dépendance extrême au gaz et au pétrole russes, juguler la flambée des prix de l'énergie, assurer à des centaines de millions de citoyens la possibilité de continuer à s'éclairer, se chauffer, plus largement à faire fonctionner l'économie. Un choc qui a impliqué une double réaction. Celle du court terme d'abord, qui a consisté à remplacer en urgence les millions de mètres cubes de gaz ou de barils de pétrole importés chaque jour de Russie, ce qui oblige à la remise en route des centrales à charbon ; c'est le cas en Roumanie, tandis que l'Allemagne a annoncé suspendre la fermeture de certaines centrales tout en réaffirmant l'objectif d'une sortie de l'utilisation de ce combustible fossile, *« idéalement d'ici à 2030 »*, l'Italie, elle, s'est très vite réservé la possibilité d'avoir recours à ses vieilles centrales, plusieurs pays des Balkans ont aussi pris cette décision. Même retour aux centrales à coke pour la France qui, avant même la guerre en Ukraine, avait déjà annoncé avoir besoin de ses vieilles centrales pour passer l'hiver compte tenu des faiblesses de son parc nucléaire.

En clair, cela signifie que l'usage de l'énergie la plus polluante revient en force, au risque de mettre à mal, au moins à court terme, la stratégie de la neutralité carbone en 2050 voulue par l'Europe.

La seconde réaction, celle du long terme, consiste à accélérer la transition énergétique, en faveur du renouvelable et du nucléaire, comme c'est le cas pour la Belgique qui, préalablement engagée dans la sortie de l'atome dès 2025, est revenue sur cette décision.

Difficile, dans ce contexte pour le moins inédit, de dresser un tableau énergétique fiable à l'horizon 2035 du tout-électrique pour la France. Une certitude, tout de même. Entre les difficultés accumulées par le parc nucléaire français, la lenteur de la montée en puissance des énergies renouvelables et du renouveau de l'atome, la nouvelle donne énergétique imposée par la folie russe, des perspectives économiques assombries par la crise mondiale de l'énergie que Bruno Le Maire a rapprochée du choc pétrolier de 1973, cet horizon n'a pas vraiment gagné en luminosité. À la fois sur nos capacités à produire suffisamment d'électricité – et à quel prix ? – et à assurer une énergie propre pour faire rouler des voitures dites propres.

15

Le « quoi qu'il en coûte » de l'électrique... et ce qu'il va nous en coûter

Pour chaque euro que vous dépensez en carburant, plus de 50 centimes tombent directement dans les caisses de l'État. Une manne fiscale qui fait atterrir chaque année quelque 40 milliards d'euros dans les coffres du ministère de l'Économie. Un montant phénoménal qui représente la quatrième recette fiscale du pays, derrière la TVA, les prélèvements sociaux (CSG, CRDS...) et l'impôt sur le revenu. Pour donner un ordre de grandeur, c'est l'équivalent du budget annuel du ministère de la Défense, donc du fonctionnement de nos armées. Ou encore le double de ce que rembourse chaque année la France pour honorer les intérêts et le principal de sa dette faramineuse. Autant dire que pour l'État, se priver de cette ressource est absolument inenvisageable.

40 milliards d'euros de taxes à retrouver

Pourtant, le sujet est soigneusement mis sous le boisseau. Quand le tout-électrique aura définitivement enterré le thermique, dans quelles poches les experts de Bercy vont-ils puiser ces 40 milliards ? Le sujet va vite devenir brûlant. Aujourd'hui, la taxation du carburant se fait notamment au nom d'une écologie punitive. C'est d'ailleurs un projet d'augmentation de la TICPE (Taxe intérieure de consommation sur les produits énergétiques) qui avait provoqué la crise des Gilets jaunes. Depuis ce coup de chaud, son montant est gelé. Il faut dire qu'elle représente à elle seule quelque 40 % du prix à la pompe et rapporte pas moins de 33 milliards d'euros. À cette TICPE s'ajoute logiquement la TVA prélevée sur le prix du produit pétrolier proprement dit, l'essence ou le gazole. Mais pas seulement : l'imagination fiscale de l'État a voulu que la TVA s'applique aussi sur... la TICPE. En somme, on taxe une taxe, spécificité bien française. L'accumulation de ces tranches d'impôts successives produit un sandwich qui pèse lourd sur l'estomac du contribuable : au bout du compte, 55 % du montant payé à la pompe atterrit directement dans le portefeuille de Bercy. Même avec une TICPE gelée, le montant de la manne fiscale du carburant augmente régulièrement, la TVA s'appliquant à un prix du pétrole qui n'a cessé de grimper ces dernières années. L'alignement de la fiscalité du diesel sur celle de l'essence, revendiquée par le candidat Macron en 2017 au nom de la lutte contre les particules fines, a rapporté une quinzaine de milliards d'euros au cours du premier quinquennat du président. Car, bien sûr, l'alignement s'est fait par le haut - personne n'a imaginé un instant qu'il puisse se faire par le bas, avec une baisse de la fiscalité sur l'essence...

Qui va combler le manque à gagner demain ? Dans les sphères de l'État, on se garde bien d'évoquer un sujet aussi explosif. Aujourd'hui, la voiture électrique est l'objet de toutes les attentions. Et, partant, de dépenses somptuaires pour réussir à l'imposer face au thermique. C'est le « quoi qu'il en coûte » électrique. Là encore, les chiffres donnent le tournis. D'abord, avec les coups de pouce à l'achat d'un véhicule dit propre. Depuis le début du premier quinquennat Macron, le carnet de chèques a chauffé.

Pour l'électrique, l'argent à courant continu

Des primes à la conversion (PAC) ont été distribuées à tour de bras pour troquer son ancien véhicule polluant contre une automobile écologiquement plus présentable - y compris diesel, dans les premiers temps. Des bonus s'y sont ajoutés, cette fois pour aider purement et simplement à acquérir un véhicule propre, hybride ou 100 % électrique. Avec des montants considérables mis sur la table, jusqu'à 7 000 euros donnés par l'État pour l'achat d'un véhicule électrique.

Le bilan, le temps d'un quinquennat, laisse pantois. La prime à la conversion a permis à 1 million de Français de troquer leur vieille guimbarde polluante contre une automobile plus propre. Coût pour les finances publiques, et donc pour les contribuables : 2 milliards d'euros. Pour le bonus, rebelote : près de 500 000 chèques distribués pour un montant de 2,2 milliards d'euros. L'argent coule à flots, et le fleuve n'est pas près de se tarir. Nouveauté attendue début 2023 : un PTZ spécial ZFE... Entendez un prêt à taux zéro, le PTZ, accordé aux Français qui travaillent ou résident dans une zone à faible émission (ZFE), ces grandes métropoles bientôt obligées d'exclure les véhicules polluants de leurs voies de circulation. Jusqu'à 30 000 euros de prêt sans intérêt, sous condition de revenus bien sûr, pour l'achat d'un véhicule dont le coût n'excède pas 45 000 euros pour une voiture - ce qui donne la mesure du vrai prix d'une voiture électrique... - ou 60 000 euros pour une camionnette.

Qui dit mieux ? Eh bien, un certain Emmanuel Macron qui, candidat à sa réélection, a promis de déployer « *une offre abordable de véhicules électriques* (...) *en mettant en place des mécanismes de* leasing *pour accompagner les ménages les plus modestes* ». Ce qu'on appelle au sein du nouveau gouvernement une offre de « *leasing social* », financée par les deniers publics, et censée permettre aux Français les plus modestes d'accéder à la voiture électrique pour seulement 100 euros par mois. Le dispositif, qui va coûter plusieurs dizaines de millions d'euros par an et qui s'ajoute à la ribambelle d'aides diverses déjà existantes, viserait au moins 100 000 véhicules électriques en *leasing* par an. Il faut dire que l'achat des véhicules électriques est aujourd'hui surtout réservé aux plus nantis, les cadres, surreprésentés dans les achats, ou les ménages qui s'offrent un deuxième véhicule.

Le compteur des dépenses ne s'affole pas que pour l'accès à la voiture électrique. Il faut aussi financer ce qui va avec. Par exemple, 100 millions d'euros mis sur la table par le gouvernement français pour aider au financement des bornes de recharge publiques. Un montant dont on imagine volontiers qu'il sera fortement augmenté dans le futur pour équiper le territoire. Le Royaume-Uni vient par exemple de mettre près de 2 milliards d'euros pour équiper le pays de 300 000 bornes de recharge à l'horizon 2030... S'y ajoutent les crédits d'impôts pour installer une borne à domicile. Des régions ou des villes, elles aussi, mettent la main à la poche. À Paris, par exemple, la mairie subventionne à 50 % le coût des travaux pour l'installation d'une borne dans un parking (dans la limite de 500 euros), auxquels s'ajoutent à nouveau 50 % du montant des travaux d'électrification du parking (dans la limite de 4 000 euros).

Tout est donc fait pour imposer l'électrique. Jusqu'à ce que le château de cartes s'écroule. Car il faudra bien, à un moment donné, que le principe de réalité reprenne le dessus. D'un côté, l'assèchement de la manne fiscale avec le ralentissement organisé de la consommation de carburant. De l'autre, l'inflation des aides en tout genre à la conversion électrique qu'il va falloir continuer à entretenir tant que les véhicules propres se vendront à prix d'or. Ce qui risque fort de durer. L'équation va vite devenir impossible à résoudre.

À quand la taxation de la voiture électrique ?

À moins que le quoi qu'il en coûte électrique ne finisse par en coûter aux Français. Pourquoi pas, par exemple, une taxation de la voiture électrique, quand elle aura fini par s'imposer et que les automobilistes ne pourront plus y échapper ? À l'heure actuelle, les taxes sur l'électricité, si certaines sont ubuesques - les Français payent par exemple une curieuse « contribution tarifaire d'acheminement » qui, contrairement à ce que son nom semble indiquer, ne sert qu'à acheminer l'argent des clients vers celui des pensions de retraite des agents d'EDF ou de l'ex GDF - ne représentent « que » 34 % de la facture d'électricité. Contre 55 % pour les carburants. À quand le rattrapage de la courbe ? Il faudra alors s'attendre à ce que le caractère aujourd'hui compétitif d'un plein électrique comparé à un plein d'essence ou de gazole, le soit beaucoup moins dans le futur...

Mais bien au-delà, le coût de l'aventure vers la voiture électrique va continuer à coûter très cher aux Français. Les plans d'aides aux secteurs menacés - les équipementiers, les PME, les garagistes, les stations-service qu'il va bien falloir continuer à accompagner, au mieux dans leur conversion forcée, au pire dans leur disparition - se chiffrent déjà en plusieurs centaines de millions d'euros. S'y ajoutent les montants décomplexés - cette fois l'unité de compte se décline plutôt en milliards d'euros - du plan de relance destiné aux investissements en tout genre dans l'électrique, des *gigafactories* de batteries aux projets dans l'hydrogène. Sans compter les dizaines de milliards d'investissements nécessaires pour mettre à niveau la production française d'électricité, qu'elle soit nucléaire ou pas.

Sur le principe, il n'y a rien de choquant à ce que la puissance publique investisse lourdement pour aider une industrie à passer le cap d'une reconversion massive, imposée à marche forcée et dans un temps record. Surtout quand cette conversion est le fruit d'une décision purement politique. Mais sommes-nous bien sûrs que cette distribution à grands effets de portefeuille de l'argent collectif se fera au bénéfice des Français ? Rien n'est moins certain.

17,9 milliards de déficit pour la voiture « *made in* France »

Un chiffre nous alerte : 17,9 milliards d'euros de déficit. C'est le bilan rouge écarlate de la balance commerciale du secteur automobile en 2021. Alors que l'industrie automobile apportait une contribution positive solide au commerce français au début des années 2000, la tendance s'est brutalement inversée et ne cesse de se dégrader ces dernières années. En 2021, nos exportations d'automobiles et autres fourgonnettes ou camions ont péniblement dépassé 30 milliards d'euros alors que leurs importations se sont élevées à 46 milliards.

L'explication est on ne peut plus simple : les véhicules que les Français achètent ne sont plus produits en France. Sur les dix modèles de voitures les plus vendus l'an dernier, neuf étaient bien de marque française, mais seulement deux fabriqués sur notre territoire. Le *made in* France est encore plus rare dans l'automobile française que dans le textile ! Cela fait longtemps que les véhicules les plus populaires, la 208 de Peugeot et la Clio de Renault sont assemblés à bas coût sur des chaînes au Maroc, en Slovaquie, en Turquie ou en Slovénie...

Le pire, dans ces chiffres communiqués par les douanes, c'est qu'ils n'intègrent pas les batteries... Le déficit est déjà catastrophique, il le serait plus encore si les douanes avaient révisé leur mode de calcul, en intégrant ce qui fait l'essentiel de la valeur d'un véhicule électrique. En 2021, près d'une voiture neuve sur cinq était électrique, soit à 100 %, soit hybride rechargeable. Il se trouve que pour tous ces véhicules, la batterie est importée. Et quand on sait que le prix d'une batterie va de 8 000 euros pour une Zoé à plus de 30 000 euros pour une grosse berline française ou 40 000 euros pour une allemande, on n'ose imaginer la part de valeur ajoutée qui échappe à la France.

Cette situation ubuesque ne pourra aller qu'en empirant dans le futur. Sur les 15 millions de véhicules électriques attendus sur les routes françaises en 2035, presque tous auront donc largement contribué au déficit de notre commerce extérieur, avec leurs batteries directement venues par conteneurs entiers d'Asie et principalement de Chine. Quant aux rares batteries produites en France, elles le seront largement avec « l'appui » de partenaires... chinois ! Le tout sans compter l'arrivée massive de constructeurs étrangers, là encore très majoritairement chinois, sur le marché automobile français.

L'État français, c'est-à-dire les contribuables, va donc dépenser des milliards d'euros pour financer... le déficit de la balance commerciale du secteur automobile. Chaque prime à l'achat d'une « watture », chaque bonus généreusement distribué par le gouvernement, chaque milliard d'aide va très majoritairement enrichir nos compétiteurs industriels étrangers. C'est un joli cadeau d'accueil que nous avons commencé à faire à nos amis concurrents, et en particulier à nos camarades de l'empire du Milieu. Pas sûr que ce soit la meilleure vision stratégique du « quoi qu'il en coûte ».

16

Comment éviter le crash dans le mur de l'électrique

Un murmure dissonant dans la doxa de Bruxelles, quelques paroles distillées de façon presque anodine par un haut responsable de la Commission européenne, de loin le plus qualifié dans les couloirs de Berlaymont en matière de stratégie industrielle. Son nom ? Thierry Breton. Son job ? Commissaire européen au marché intérieur. On lui doit notamment le rattrapage et la réussite, après les premiers ratés, de la campagne de commande de vaccins par l'Europe pendant la pandémie. Que déclare-t-il, à l'occasion d'un déplacement en Lombardie début avril 2022, face au gratin de l'industrie automobile, dont John Elkann, le président de Stellantis ? *« J'incite l'ensemble de l'écosystème automobile, d'une part à assurer la transition électrique afin d'être prêt pour 2035, mais aussi à continuer à exporter des véhicules thermiques ou hybrides dans les pays qui en auront encore besoin pendant de nombreuses années ou décennies. »* Le propos est loin d'être anodin. C'est la première fois qu'un des plus hauts responsables des instances de l'Union met en cause le diktat du tout-électrique en 2035. Certes, à mots feutrés, sous couvert de protéger les exportations européennes. Thierry Breton, qu'on a connu plus tonitruant, prend bien garde de ne pas attaquer frontalement le dogme. D'un côté, la transition électrique, mais de l'autre, la préservation du thermique.

La perte annoncée d'un savoir-faire industriel

Il n'en demeure pas moins que son propos met le doigt sur le risque majeur que dénoncent depuis des mois les analystes éclairés, pas seulement ceux issus des rangs de l'automobile : la perte annoncée de tout un savoir-faire industriel, de ce qui constitue une des dernières barrières technologiques face à l'Asie. Mais aussi d'un élément de conquête à l'exportation : le commissaire européen rappelle opportunément qu'en 2030, la part de l'électrique se limiterait à 12 % des ventes de voitures neuves en Afrique, de 40 % aux États-Unis ou en Inde, prévisions que l'on peut d'ailleurs qualifier de très optimistes. Le commissaire n'a pas évoqué l'immense marché de l'Amérique du Sud où les proportions de l'électrique seront sans doute semblables à celles de l'Inde. En creux, cela signifie bien que l'Europe, avec la Chine, fait cavalier seul dans cette course à l'électrique. Sauf que pour la Chine, il s'agit d'un choix stratégique visant à imposer son modèle industriel de la batterie, alors que pour l'Europe, c'est la glissade dans une course suicidaire de perte de souveraineté industrielle...

En revanche, on reste pantois quand Thierry Breton, à cette même occasion et devant l'Agence France-Presse, ajoute vouloir, que « *les grands groupes comprennent bien leurs responsabilités et qu'ils continuent à fabriquer en Europe des moteurs thermiques pour le reste du monde, plutôt que de délocaliser brutalement pour des raisons qui ne seraient pas compréhensibles* ». En appeler à la responsabilité des constructeurs... on pourrait presque en rire, tant le propos est audacieux. Si ces derniers se jettent à coups de milliards d'euros dans l'électrique, c'est bien sous l'injonction de Bruxelles, le couteau sous la gorge. Demander à des industriels de mener une guerre économique sur deux fronts, le premier pour préserver leurs acquis dans des énergies fossiles qu'ils savent condamnées, le second pour conquérir, en partant de zéro, le marché de l'électrique, cela tient de la gageure. Cela reviendrait à courir deux lièvres à la fois, dont l'un est déjà condamné à passer à la casserole... Il y a de l'incohérence dans la position du commissaire. Sauf à y entendre une condamnation détournée du diktat européen.

Renault coupe le cordon entre l'électrique et le thermique

En revanche, Thierry Breton a fort peu de chances d'être écouté. D'abord, bien sûr, parce que la course à l'électrification va absorber tous les moyens financiers dont disposent les constructeurs. Ensuite, parce que les investisseurs, ceux qui créent la richesse et l'argent nerf de la guerre, en ont décidé ainsi. Le capital va à l'électrique, comme l'a montrée la vertigineuse valorisation en Bourse de Tesla (voir chapitre 8, « Le coup de pouce d'Elon Musk »). L'affaire n'a pas vraiment fait la une des journaux, pourtant, le mouvement opéré par Renault ces derniers mois est lourd de sens. Le groupe a décidé de couper le cordon entre ses activités électriques et thermiques en créant deux entités distinctes : Ampère, pour la première, et Horse, pour la seconde. La fée électricité d'un côté, le cheval de labour de l'autre... Dans l'une, le développement, la production et la commercialisation de véhicules électriques ; dans l'autre, les moteurs et les boîtes de vitesses. Le bon grain et l'ivraie ? Certes, dans sa présentation, le groupe a fait profil bas : pas question de démanteler Renault, seulement 20 000 salariés seront répartis dans ces deux filiales, sur les 157 000 que compte la firme (dont les 45 000 salariés en Russie). Ce n'est donc que le début. Mais personne n'est dupe : ce n'est pas chez Horse que se créera la valeur dans le futur, filiale qui sera d'ailleurs installée à l'étranger. En revanche, chez Renault, on a déjà prévu la suite pour Ampère, qui absorbera notamment le nouveau pôle ElectriCity de Douai, avec une cotation en Bourse déjà programmée. Là où, justement, l'électrique fait des étincelles.

450 millions d'Européens sous pression

Cette évolution chez Renault n'est que le reflet de l'urgence dans laquelle sont précipités les constructeurs. L'un des défauts majeurs de l'injection bruxelloise, outre son jusqu'au-boutisme idéologique, c'est le temps. Plus précisément, le peu de temps laissé à 450 millions d'Européens pour opérer une bascule aussi fondamentale. Le peu de temps d'adaptation à cette nouvelle donne laissée aux automobilistes et aux promoteurs des infrastructures censées les servir, le peu de temps laissé aux villes et aux campagnes pour organiser la mobilité de demain, le peu de temps laissé aux constructeurs et aux milliers d'entreprises qui vivent sous le joug de mettre en place une douloureuse transition écologique. En somme, le peu de temps pour éviter le court-jus.

Première constatation, compte tenu de l'âge de notre parc automobile - plus de 10 ans en moyenne en France -, son simple renouvellement à 50 % permettrait déjà de faire baisser les émissions de CO_2 de moitié, compte tenu des normes d'émission des véhicules thermiques plus récents. En laissant un peu plus de temps aux Français pour lâcher leur vieille voiture et la remplacer par des modèles forcément moins polluants, une large partie du problème aurait pu être réglée. Et ce, sans douleur, sans la violence sociale et sociétale qu'implique la mutation accélérée qu'imposent les écolos-technocrates de la Commission.

Deuxième constatation, la voiture électrique n'est pas la seule et unique façon de réduire l'empreinte carbone de la voiture. La liste des solutions possibles est impressionnante. Le GNV, le gaz naturel pour véhicules, est de loin le plus connu des carburants peu polluants, en permettant une réduction de 25 % des émissions de CO_2 et de 90 % des particules fines néfastes pour l'environnement. Qui plus est, son empreinte carbone est pratiquement neutre dans la mesure où il est produit à partir de matières organiques (déchets agricoles...) et non plus de matières fossiles. Dans un registre différent, Porsche, en association avec Siemens Energy, développe un concept de production de carburants synthétiques dans une usine pilote au Chili, qui pourrait alimenter jusqu'à 500 000 véhicules en 2026. Cet e-fuel, produit à partir de méthanol lui-même issu d'un mélange d'hydrogène et de CO_2, émet des polluants, mais le CO_2 émis équilibre celui capté à la production. Impact sur les émissions de gaz à effet de serre ? - 85 % sur le cycle de vie d'une voiture.

Autre solution, l'utilisation du bioGNV, obtenu de la méthanisation des déchets agricoles et de l'élevage, et de plus en plus à partir de boues de stations d'épuration. Là encore, l'utilisation de ce biogaz permet une baisse spectaculaire des émissions, notamment pour les petits véhicules, les citadines qui sont les plus vendues en France. Mais ces solutions peuvent être considérées comme mort-nées, en tout cas pour l'Europe, puisqu'elles n'atteignent pas la barre fatidique du zéro émission.

L'hydrogène est la voie royale, l'une des filières de production d'énergie parmi les plus soutenues par les pouvoirs publics. En conjuguant les premiers montants compris dans le plan de relance de 2020, puis ceux du plan France 2030 de 2021, l'industrie de l'hydrogène va se voir dotée de la somme hors norme de près de 9 milliards d'euros. Dans ce cadre, la voiture à hydrogène, et plus précisément la pile à combustible, pourrait avoir de beaux jours devant elle. D'autant qu'elle accumule les avantages : des temps de charge beaucoup plus rapides que pour une batterie classique et une autonomie de 20 % à 30 % supérieure, un gain de poids considérable... De quoi battre à plate couture la batterie lithium-ion. Sauf que, là encore, l'avantage du temps est donné à la seconde, partie plus tôt, poussée par des constructeurs soucieux de répondre à l'urgence de 2035.

2000-2019 : les bons chiffres de la pollution en France

Fallait-il agir avec cette urgence, brandie par les tenants de l'écologie la plus radicale ? L'écologie qui, dans « *les sept visages de l'écologie politique contemporaine* » décrits par Luc Ferry[1], pourrait être classée entre « *l'effondrisme* », pour qui la catastrophe est imminente, et « *l'alarmisme révolutionnaire* », les adeptes de la décroissance tous azimuts. Pas forcément. À cet

1. *Les Sept Écologies*, Paris, Éditions de l'Observatoire, 2021.

égard, le « Bilan de la qualité de l'air en France » en 2019, produit par le ministère de la Transition écologique est édifiant. Si on croit les auteurs - et rien ne permet de douter de la rigueur de leurs travaux –, *« la qualité de l'air s'est globalement améliorée sur la période 2000-2019 »* en France. Si on entre dans le détail de leurs travaux, les émissions de particules fines, celles d'un diamètre inférieur à 10 microns (PM10), ont chuté de 51 %, voire de 61 % pour les particulières inférieures à 2,5 microns (PM2,5), les plus dangereuses pour la santé. Parallèlement, les émissions de NOx, les oxydes d'azote, largement issues des combustions émises par les transports, ont chuté de 56 % en moins de vingt ans. Et il en va ainsi de pratiquement tous les polluants, à l'exception de ceux émis par l'agriculture, qu'il s'agisse de l'épandage des cultures ou des déjections bovines. Autre bilan dressé par le Datalab du ministère, en 2019, *« le nombre d'agglomérations concernées par des dépassements des seuils réglementaires fixés pour le NO2 (dioxyde d'azote) et les PM10 pour la protection de la santé à long terme, est au plus bas depuis 2000 »*. Les experts notent ainsi que sur le dioxyde d'azote, le nombre d'agglomérations ne respectant pas les seuils réglementaires *« est de 9 en 2019 contre 24 en 2000, avec un pic à 37 en 2003 »*. Pas question, bien sûr, de se satisfaire de ce bilan, qui vise à être encore amélioré. Mais on est loin, très loin, du climat anxiogène d'aggravation que décrivent à longueur de plateaux les adeptes de « l'effondrisme » écologique.

L'automobile plus propre que l'agriculture

De quoi, en tout cas, remettre en perspective l'urgence de la décision bruxelloise. L'automobile a une malchance : la cible est facilement atteignable. Il est plus facile d'imposer un moteur électrique à une voiture qu'à un avion, une usine ou un tracteur... encore que. Il est vrai, aussi, que l'automobile figure dans la liste des grands coupables des émissions de gaz à effet de serre : 15,7 % des émissions en France. C'est beaucoup, mais c'est nettement moins, par exemple, que l'agriculture, bien au-dessus à près de 20 % des émissions, dont la moitié pour les seules activités d'élevage, essentiellement bovin. Il se trouve que la France compte un parc de 37 millions de véhicules particuliers que se partagent 43 millions de titulaires du permis de conduire, généralement pour aller travailler. Parallèlement, les 390 000 exploitations agricoles françaises comptent 580 000 agriculteurs à temps plein. Qui émet le plus de gaz à effet de serre ? L'agriculteur ou l'automobiliste ? À quand l'interdiction de produire du bœuf en 2035 ? Ridicule, non ?

L'automobile, elle, n'aura pas évité le ridicule. À moins que par un excès subit de bon sens, les technocrates de Bruxelles ne décident de repousser les échéances et de laisser une place aux alternatives propres. Histoire d'éviter que l'automobile européenne ne finisse par s'écraser sur le mur de l'électrique.

Remerciements

Un grand merci, et un coup de chapeau au passage, à mes chers confrères journalistes, dont on salue trop rarement le savoir-faire. Le travail remarquable, précis et très documenté de cette profession souvent décriée a été une source d'inspiration de tous les instants. Il m'a permis non seulement de labourer le terrain ô combien fertile de ce livre-enquête, mais aussi de découvrir de nouveaux champs à explorer, dont la richesse m'a chaque fois surpris. Nos dirigeants auraient pu tirer leçon des alarmes que la presse n'a pas manqué de déclencher depuis que se dessine les contours de cette folie électrique. Ils ne l'ont manifestement pas fait.

Un grand merci également à tous les interlocuteurs qui ont bien voulu me répondre, la plupart sans réticences, qu'il s'agisse des constructeurs automobiles, des associations et autres organisations qui les soutiennent... et de celles qui les contestent, des organismes d'État dont les travaux de recherche sont impeccables, des experts de l'industrie et des services de l'automobile, ceux de la transition écologique. Je préfère ne pas les citer nommément, au risque d'en oublier injustement. Ils se reconnaîtront, tous m'ont précieusement aidé. Une mention spéciale, tout de même, à Claude Zaveroni, garagiste de son état, à qui je souhaite le meilleur, et à ma sœur, ma première et exigeante lectrice.

Enfin, ce livre ne serait rien, bien sûr, sans les conseils avisés et la bienveillante attention de Muriel Beyer, Laurent Nunez, Benjamin Peylet, Flandrine Raab et tous ceux qui, aux Éditions de l'Observatoire, ont bien voulu se pencher sur ce travail de débutant.

Table

Composition et mise en pages
Nord Compo à Villeneuve-d'Ascq

CET OUVRAGE
A ÉTÉ ACHEVÉ D'IMPRIMER
SUR ROTO-PAGE
PAR L'IMPRIMERIE FLOCH À MAYENNE
EN NOVEMBRE 2022

N° d'impression : 101484
Imprimé en France